高等教育理工类"十四五"系列规划教材

四川省重点研发项目"新型易燃工业园区火灾应急防控技术研究与示范"
（2021YFS0362）资助

工业园区火灾评估

及防控信息化技术

王子云　向　月◎编著

U0384279

四川大学出版社

SICHUAN UNIVERSITY PRESS

图书在版编目（CIP）数据

工业园区火灾评估及防控信息化技术 / 王子云，向月编著 . 一 成都 : 四川大学出版社，2023.5
ISBN 978-7-5690-6071-3

Ⅰ . ①工… Ⅱ . ①王… ②向… Ⅲ . ①工业园区－防火－信息化－研究 Ⅳ . ① TU998.1

中国国家版本馆 CIP 数据核字（2023）第 058297 号

书　　　名：工业园区火灾评估及防控信息化技术
　　　　　　Gongye Yuanqu Huozai Pinggu ji Fangkong Xinxihua Jishu
编　　　著：王子云　向　月
丛 书 名：高等教育理工类"十四五"系列规划教材

丛书策划：庞国伟　蒋　玙
选题策划：毕　潜
责任编辑：毕　潜
责任校对：胡晓燕
装帧设计：墨创文化
责任印制：王　炜

出版发行：四川大学出版社有限责任公司
　　　　　地址：成都市一环路南一段 24 号（610065）
　　　　　电话：（028）85408311（发行部）、85400276（总编室）
　　　　　电子邮箱：scupress@vip.163.com
　　　　　网址：https://press.scu.edu.cn
印前制作：四川胜翔数码印务设计有限公司
印刷装订：四川盛图彩色印刷有限公司

成品尺寸：185mm×260mm
印　　张：10.75
字　　数：277 千字

版　　次：2023 年 6 月 第 1 版
印　　次：2023 年 6 月 第 1 次印刷
定　　价：46.00 元

本社图书如有印装质量问题，请联系发行部调换

扫码获取数字资源

四川大学出版社
微信公众号

前　言

工业火灾往往会造成极大的经济损失和人员伤亡，随着我国工业的迅速发展，工业园区火灾事故的控制尤显重要。国家对工业园区的安全管理从经济投入到科研和信息化建设方面都极其重视。社会和企业对工业火灾的评价和预测、安全管理以及信息化的要求逐渐提高。

本书对 2000—2020 年发生在我国的工业事故进行了时间、地区、等级、危化品种类、事故状态和原因等多维度统计分析，并进行了事故多米诺效应的关联性分析。从整体上来看，我国工业事故的发生呈现较大的区域差异，主要集中在经济发达的东部沿海地区，这与我国不同地区的工业发展水平有着直接联系。事故主要集中在 3 月、4 月、7 月和 8 月。生产过程、维保和检修中发生的工业事故占 80% 以上，主要是爆炸和火灾，工业事故主要涉及易燃液体和气体。多米诺效应事故在工业园区更容易发生，应从安全距离、安全屏障、安全规划等方面尽可能避免事故的升级。

本书对贝叶斯网络、Petri 网、灰色聚类评估模型、人工神经网络算法和遗传算法的概念、相关数学模型和理论进行了分析整理，并以实例分析的形式将各种方法应用到工业园区火灾事故评价分析中，给出了相关的应用分析步骤和评价结果。对目前应用较多的基于大涡模拟的火灾火焰及烟气扩散模拟方法进行了介绍，并通过实例分析，给出了相应的数学模型和工程应用。这对相关评价方法和数值模拟在工业火灾评估和管控中的应用具有一定的参考价值。

本书对火灾应急防控、应急防控技术、多机构协同等方面设计的化工园区火灾安全生产及应急防控理论整体框架进行了介绍，对工业园区信息化所涉及的政策导向，国家、地方和企业的要求，技术体系进行了详细的阐述。

　　本书由四川大学王子云负责统筹编写，第1章由重庆科技学院向月编写，四川大学张城参加了第2、6章的编写，四川大学陈星百参加了第3、7章的编写，四川大学朱甲参加了第4、5章的编写，交铁安全应急工程技术中心（成都）有限公司王维成参加了第8章的编写，在此一并致谢。

　　近年来相关的研究及成果不断涌现，内容涉及面广，由于作者水平有限，书中不足之处在所难免，恳请读者给予指正。

编　者

2023年2月

目　录

第1章 绪 论

1.1 背景和意义

随着世界经济和工业制造的全球化、协作化，以及各国对环境控制的要求，同时出于区域经济规模化、环境可控化、社会动机和法律规定，石化、冶金、医药等工业趋于"聚集"化。因此，工厂通常是成组分布的，很少单独分布。各种工业园区、经济技术开发区和循环经济区的不断涌现，给工业安全生产带来了新的挑战，同时相关的安全评估、防控策略也成为学者研究的热点。截至 2019 年 10 月，我国共有各类国家级开发区 628 家，省级开发区 2053 家。目前，我国有各类产业园区 15000 多个，对整个经济的贡献率达到30％以上。截至 2020 年年底，我国规模以上工业企业（年主营业务收入达到 2000 万元及以上的工业企业）有 399375 个，其中大中型工业企业（从业人员 300 人及以上且主营业务收入在 2000 万元及以上的工业企业）有 47045 个。这些工业园区通常由常压、低温和加压储罐，大量生产安装设备和许多用于运输危险化学品的管道组成，工业园区内事故的发生率、复杂性和严重性趋于增加，甚至触发多米诺效应事故，造成了重大伤亡和财产损失，如江苏昆山经开区中荣金属"8·2"爆炸事故、天津市滨海新区天津港"8·12"爆炸事故、江苏省盐城市响水县生态化工园区天嘉宜"3·21"爆炸事故。如表 1-1 所示，2019—2020 年几乎每月均有 2～3 起工业园区危害较大的工业事故，给社会发展带来了极大的不良影响。

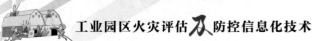

表1-1　2019—2020年我国工业园区重大火灾案例

序号	事故地点	发生时间	事故原因	事故后果
1	山西晋阳碳素有限公司	2019年1月6日	事故直接原因是检修人员进入煅烧炉作业，未按要求对炉内进行通风换气，未进行有毒有害气体检测，未配备个人防护用品导致中毒窒息；施救人员盲目施救造成伤亡扩大	3人死亡，直接经济损失406.33984万元
2	河北邯郸涉县兆隆铸业有限公司	2019年1月16日	在检修维修过程中发生煤气泄漏，造成炉内4名作业人员和炉外5名作业人员中毒	4人死亡，5人受伤
3	广东东莞市中堂镇双洲纸业公司	2019年2月15日	公司发生气体中毒事故，9名工人在一污水调节池内被困	7人死亡，2人受伤，直接经济损失1200万元
4	瓮福达州化工有限责任公司	2019年3月3日	事故直接原因是常压危货槽车驾驶员张某某、押运员杨某某在瓮福达州公司PPA灌装区用蒸汽清洗罐体时，所产生的含有硫化钠的废液进入含有磷酸的开放式清洗废液收集沟、池，硫化钠与磷酸反应生成具有急性吸入毒性的硫化氢气体，半敞开PPA灌装作业现场导致人员吸入高浓度硫化氢中毒	3人死亡，3人受伤，直接经济损失425万元
5	淮安市金湖县江苏神华药业有限公司	2019年3月7日	事故直接原因是企业为了提高原料利用效率，在没有进行论证和风险评估的情况下，利用现有的谷氨酰胺生产氨基酸内昔莫司（包括阿昔莫司，5-甲基吡嗪-2-羧酸，由于浓缩时间过长，浓缩过度，双氧水等）的温度、浓度升高，产生激烈化学反应，引发爆炸	3人死亡，7人受伤
6	北京国奇能量钢结构有限公司	2019年3月8日	事故直接原因是不具备特种作业资格人员违法违规电焊，引燃仓库内家具和杂物等可燃物，引发火灾	过火面积约2200平方米，火灾直接财产损失2894296.33元
7	天嘉宜化工有限公司	2019年3月21日	天嘉宜公司无视国家环境保护和安全生产法律法规，刻意瞒报、违法储存、违法处置硝化废料，安全环保管理混乱，日常检查弄虚作假，固废仓库等工程未批先建，导致长期违法贮存危险废物自燃而引发爆炸	78人死亡，76人重伤，640人住院治疗，直接经济济损失19.86亿元
8	青州市黄楼街道永利珍珠岩厂	2019年3月29日	永利珍珠岩厂北侧车间擅自设计、制造、安装，使用密闭带压运行的冷却水罐，其顶部蒸汽出口截止阀门损坏，罐内蒸汽大量积聚，顶部的安全阀早已损坏未更换不能正常运行，失去安全保护作用，致罐内蒸汽超压引发爆炸	5人死亡，3人受伤，直接经济损失508万元

续表1-1

序号	事故地点	发生时间	事故原因	事故后果
9	江苏昆山综保区汉鼎精密金属有限公司	2019年3月31日	CNC加工过程中使用了用超量水稀释的切削液，混有切削液的镁合金废屑经过滤分离，堆放在集装箱内，镁合金废屑与切削液中的水发生反应生成氢气，同时放出热量，因堆垛堆积紧密，散热不良，热积累形成高温；高温进一步导致氢气、镁合金废屑等爆发式喷射；受集装箱空间限制，喷射而出的氢气与空气的作用下，镁合金废屑在集装箱热点（火源）发生爆燃，爆燃的冲击波夹带着燃烧的镁合金碎屑冲向形成二次爆燃，在形成高温热点的对面的CNC加工车间，造成人员伤亡	7人死亡，1人重伤，4人轻伤
10	齐鲁天和惠世制药有限公司	2019年4月15日	4月15日15时37分，齐鲁天和惠世制药公司冻干车间地下室在管道改造的过程中，因电焊火花引燃小质产生热介质产生烟雾，致使现场作业的10名工作人员中8人当场窒息死亡。另有12名救援人员在抢救过程中死亡，无生命危险	10人死亡，12人受伤，直接经济损失1867万元
11	内蒙古伊东集团东兴化工有限责任公司	2019年4月24日	根据气象分析报告，事故发生当晚，现场无气象监测资料，受地形影响，生8级以上大风，由于强大的风力，事发前氯乙烯气柜没有及时发现气柜卡顿，以及未按照规程进行全面检修，倾斜，操作人员仍然按照规程操作方式调大压缩机回流，进入气柜的气量加大，加之调大过快，氯乙烯冲破环形水封形成大压缩机操作规程卡顿，开始泄漏，遇火源发生爆燃	4人死亡，3人重伤，33人轻伤，直接经济损失4154万元
12	秦皇岛市抚宁县丰满纸板有限公司	2019年5月10日	机修工张某某在加装排泥管上闸板阀门的过程中，连章擅自进入封闭的污水池彩钢房，中毒坠入池内引发事故。房某某、钱某某在未采取任何防护措施的情况下，违规进入污水池盲目施救，导致事故扩大	1人中毒坠池窒息死亡，2人救援不当中毒窒息死亡，直接经济损失255万元
13	旭梅（开封）生物科技有限公司	2019年6月26日	工人错误操作使常压设备常压运行以及公司擅自变更设备工艺和用途，是此次事故发生的直接原因	7人死亡，4人受伤，直接经济损失2000余万元

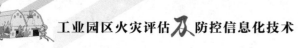

续表1-1

序号	事故地点	发生时间	事故原因	事故后果
14	河南省三门峡市河南省煤气（集团）有限责任公司又马气化厂	2019年7月19日	空气分离装置冷箱泄漏未及时处理，发生"砂爆"（空分冷箱发生剧烈蒸发时冷箱珠光体内就会存有大量低温液体，当低温液体急剧蒸发，保温层珠光被掉光砂大量喷出），气体夹带珠光砂大量喷出，进而引发冷箱爆裂，导致附近500 m³液氧贮槽破裂，大量液氧迅速外泄，周围可燃物在液氧或富氧条件下发生爆炸、燃烧，造成周围边人员大量伤亡	15人死亡、16人重伤，直接经济损失8170.008万元
15	河北怀来县长城生物化学工程有限公司	2019年7月22日	作业人员违反安全技术规程，违章进行清淤作业，淤泥中的硫化氢等有毒气体在抽排水作业和外力搅动下释放逸出，受彩钢房封闭限制，有毒气体不断集聚，人体过量吸入后造成伤亡。现场人员在情况不明且未配备应急救援设施的情况下盲目施救，造成事故扩大	5人死亡、4人受伤，直接经济损失690.6万元
16	南靖县鑫福纸业有限公司	2019年8月17日	该厂一名现场管理人员在纸浆池中毒昏倒，相继中毒昏倒。三名中毒人员被送往医院进行紧急抢救，经全力抢救，三名人员均抢救无效死亡	3人死亡
17	联合新燕化工有限公司	2019年8月29日	事故直接原因是公司2#煤气发生炉炉严重缺水运行，违规操作补水，发生剧烈气化造成夹套锅炉爆炸，致使2#煤气发生炉炉体向上发生剧烈位移，煤气炉受顶部煤仓阻挡将加煤斗、加煤阀压至炉内，煤气炉回落至基座呈倾斜状，炉体顶部、底部钢板撕裂，部分设备附件呈分散状炸飞	4人死亡、3人受伤
18	建瓯市金峰化工气体有限公司	2019年8月31日	在停产检修期间，1名安全员与2名检修作业人员在对湿式炔气柜进行动火作业时，乙炔气柜发生闪爆，造成3人死亡的较大生产安全事故。公司雇佣无资质人员实施动火作业，违章指挥动火作业，引起气柜内乙炔气体进行置换爆气和浓度检测，气柜前没有对气柜内残余乙炔与空气形成的爆炸性混合物闪爆，造成事故发生	3人死亡
19	宜宾鼎天新材料科技有限公司	2019年9月22日	在进行固能药片添加剂硝酸肼镍的研制过程中，试制使用所用的金属筛网、塑料刮板等工具均未接地，导致在筛分、转移、装袋的过程中，因摩擦引起静电聚积，导致硝酸肼镍爆炸	3人死亡，直接经济损失450余万元

续表1-1

序号	事故地点	发生时间	事故原因	事故后果
20	宁波锐奇日用品有限公司	2019年9月29日	公司员工孙某某将加热后的异构烷烃混合物倒入塑料桶时，因静电放电引起可燃蒸气起火并蔓延成灾	20人死亡、2人受伤，过火总面积1100 m²，直接经济损失2380.4万元
21	安康市恒翔生物化工有限公司	2019年10月11日	1名工人在处理污水时跌入池中，其余5人在救援时相继发生意外	6人死亡
22	广西兰科新材料有限公司	2019年10月15日	事故直接原因是设施工厂试产一种民用胶水时操作不当引起爆炸	4人死亡、6人受伤
23	柳城经济开发区金圭化学产品有限公司	2019年10月15日	在生产装置（反应器）处于运行状态下，企业违章指挥工人拆卸在运的粗噻吩至粗噻吩液冷凝后液相收罐接收氢化氢的管路阀门，导致硫化氢气体大量泄漏。操作人员中毒后，救援人员中毒扩大	3人死亡、4人住院治疗、4人住院损失400余万元
24	徐州天安化工有限公司	2019年12月31日	在进行2#脱硫塔检修作业时，未按规定制定合理可靠的工艺处置和隔离方案。盲目排放脱硫液造成液封失效，憋压在循环槽上部的煤气冲破液封进入水塔内，造成5名塔内作业人员中毒，其中3人经抢救无效死亡	3人死亡，直接经济损失402万元
25	辽宁先达农业科学有限公司	2020年2月11日	烯草酮工段一操未对物料进行复核确认，二操错误地将丙酰三酮与氯代胺同时加入氯代胺储罐V1428内，导致丙酰三酮和氯代胺发生反应，放热并积聚热量，物料温度逐渐升高，反应速率逐渐加快，爆炸	5人死亡、10人受伤，直接经济损失1200万元
26	湖北正大有限公司	2020年4月23日	进入污水沟内的刘某某、曹某某和参与施救的吴某某，大量吸入污水沟内高浓度混合型有毒气体，导致急性中毒死亡	3人死亡，直接经济损失297万元
27	华冶煤焦化有限公司	2020年4月30日	作业人员违反安全作业规定，在2#电捕焦油器顶部进行作业时，未有效切断煤气来源，导致煤气窜入2#电捕焦油器内部，与空气形成易燃易爆混合气体，作业过程中产生明火，发生爆燃	4人死亡，直接经济损失843.7万元
28	寿县绿色东方新能源有限公司	2020年5月6日	施工人员未佩戴满足安全需要的含有硫化氢等有毒有害气体的防护用具，未经批准违章冒险进入含硫化氢等有毒有害气体的垃圾库内作业，吸入硫化氢气体，造成1人死亡。在未做好自身安全防护、佩戴必要防护用具的情况下又造成2人死亡、2人受伤，导致事故扩大	3人死亡、2人受伤，直接经济损失360万元

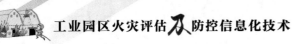

工业园区火灾评估及防控信息化技术

续表1—1

序号	事故地点	发生时间	事故原因	事故后果
29	浙江美欣达纺织印染科技有限公司	2020年6月13日	事故直接原因：①污水处理站检维修作业时，管道堵塞采用硫酸冲洗清淤（非常规工艺），因硫酸与污水、淤泥中的硫化物发生化学反应，产生大量硫化氢，且初沉池顶部加盖，形成密闭空间，导致硫化氢无法及时散发，高浓度集聚于初沉池内；②作业人员进入初沉池盲目施救，人过量吸入硫化氢而中毒窒息，导致事故扩大	4人死亡、5人受伤，直接经济损失600余万元
30	通辽市新好农牧有限公司	2020年7月4日	公司外委维修人员在维修作业过程中发生一起中毒和窒息事故	3人死亡、5人受伤
31	河南焦作制品有限公司	2020年7月18日	1名工人在发酵车间工作时，因操作不当导致人物料罐内，导致中毒息死亡，其他工作人员处置不当、盲目施救，致使事故扩大	6人死亡
32	仙桃市蓝化有机硅有限公司	2020年8月3日	超量的丁酮肟盐酸盐在相对密闭空间急剧分解放热，能量得不到有效释放，导致爆炸	6人死亡、4人受伤，直接经济损失1344.18万元
33	张家港耀邦化工科技有限公司污水处理厂	2020年9月14日	当班人员进入含有大量硫化氢气体的6号废水池，将盐酸快速加入含有大量硫化物的料品的情况下冒险进入危险场所，吸入含有高浓度硫化氢等的有毒混合气体，导致人员中毒，造成3人死亡	3人死亡，直接经济损失450万元
34	山西晋茂能源科技有限公司	2020年9月14日	化产车间VOCs岗位操作工苏某某未按操作规程作业，在将废水转输至焦油废液排放槽密封橡胶圈破裂，造成塔内橡胶液溢出，未将地下槽内的废液调的pH，气化产生大量高压水蒸气，导致罐体内压力急剧上升，超过罐体允许的最大压力，直接打开废丙酸液阀门并迅速扩散至地面，正在进行维修作业的卢某某、杨某某、张某某未来取任何防护措施盲目施救，导致事故扩大	4人死亡、1人受伤，直接经济损失370.8万元
35	新疆昆仑工程轮胎有限责任公司	2020年9月28日	4号硫化罐在硫化期间人地下罐后，未确认是否发生化学反应，地下罐内泄漏进人罐体，发生物理爆炸	7人死亡、1人重伤、3人轻伤，直接经济损失981万元
36	天门楚天生物科技有限公司	2020年9月28日	事故直接原因是公司在使用压滤试验机对二硝基蒽醌滤料进行压滤作业时，滤料积聚达到压临界后，滤料在压力作用下流动，与聚丙烯纤维滤布摩擦产生静电，引发静电爆炸后，引致压滤试验机内温度和压力急剧升高，从而导致压滤料试验机内的二硝基蒽醌爆炸	6人死亡、1人受伤，直接经济损失542.5万元

6

续表1-1

序号	事故地点	发生时间	事故原因	事故后果
37	陕西精益化工有限公司	2020年10月30日	煤焦油预处理装置试车调试后停工实施设计变更施工，在进行污水罐V103罐前系统脱水聚结器DR101隔离不彻底，DR101管道与污水罐V-103管道与氮气掩护动火作业时，氮气串入V103罐。人员在未进行受限空间分析、未佩戴气防器材的情况下，违规进入V-103，导致窒息死亡	3人死亡、1人受伤
38	无极县天泽鑫珠棉厂	2020年11月12日	天泽鑫珠棉厂在车间门窗关闭，通风条件差的环境中进行生产，溢出的丁烷气体在车间内局部大量积聚，与空气形成爆炸性混合气体，达到爆炸极限，遇闭电气设备时产生的电火花发生爆炸	8人死亡，直接经济损失609.58万元
39	中山市矽立硅胶制品厂	2020年11月13日	矽立硅胶制品厂违章搭建磨砂车间并违法投入使用，车间无防静电球、防静电夹等防静电装置，不具备安全生产条件；车间主管安全生产人员某某未按要求穿戴化学安全防护眼镜和橡胶手套，在倾倒白电油的过程中速度过快，产生静电，静电火花点燃白电油，燃烧成灾。把燃烧着的白电油桶抛到车间入口区域，将唯一的处理方式不当，堵住。全某某、徐某某、黄某某没有采取正确的自救措施，错失逃生时机	3人死亡，直接经济损失342万元
40	海纳贝尔化工有限公司	2020年12月19日	公司为生产医药中间体的精细化工类企业。其格雷生产车间一台1m³的乳化反应釜（产品为嚷份乙醇，主要原料为甲苯和金属钠）在试生产期间突然发生爆炸。通过调阅现场视频监控，经企业技术人员初步分析，疑似操作人员违反现场操作规程，存在误操作行为，导致空气进入乳化釜，与甲苯、与金属钠发生混合爆炸	3人死亡、2人重伤、2人轻伤
41	中石化北海液化天然气有限责任公司	2020年11月2日	在实施二期工程项目贫富液同时装车工程TK-02储罐二层平台低压泵出口总管动火作业切割过程中，隔离阀门0301-XV-2001开启，低压外输LNG从切割开的管口中喷出，LNG雾化气团与空气中的混合气体遇点火能量产生燃烧。经分析，点火源是低温LNG喷射冲击后绝缘保护层脆化，脱落混合气体可能产生的点火能量	7人死亡、2人重伤，直接经济损失2029.30万元

当前工业园区普遍存在未同步制定或实施消防规划、公共基础消防设施薄弱、消防安全意识淡薄、工业园区消防工作滞后于园区规模发展、消防救援力量建设与园区发展不相适应等问题，给消防安全工作带来了严峻的挑战。某些新型工业园区对重大火灾危险隐患没有深入了解，在日常消防管理工作中不能准确掌握园区内火灾隐患情况；对火灾发生的原因、特征、发展规律及影响范围等方面的知识匮乏，很难科学有效地对工业园区火灾影响区域进行预测分析；消防安全管理仍主要依靠传统的人工排查和经验分析方式，信息化程度不高，缺乏智能、科学的辅助管理手段，在发生特大火灾时不能及时有效地开展防护和应急救援工作。

此外，在工业4.0的全球性战略驱使下，"十三五"时期，我国仍处于新型工业化、城镇化持续推进的过程中，而工业生产系统面临着新技术、新工业、新业态的巨大变革，这种转变模式会加速传统行业边界的消失，激发并催生更多新的活动领域与合作形式，形成整个产业链条的重组。这样一来，一方面，工业园区的生产经营规模进一步扩大，而遗留的落后工业、技术、装备和产能的存在，使得传统的火灾风险依然存在；另一方面，采用新技术、新工艺、新模式的新型生产方式中将携带大量新型危险源、火灾隐患、风险因素。制造、化工、能源、核电等新型工业园区均朝着复杂化方向发展，而其火灾形势和火灾风险特性也出现新的变化。

基于风险的监管与管理理论，是安全生产实现科学监管、高效匹配监管、从根源上预防重特大事故的理论方法，具有高度的前沿性与先进性。2016年末至2017年初，国务院先后发布了《关于推进安全生产领域改革发展的意见》《安全生产"十三五"规划》《关于实施遏制重特大事故工作指南构建双重预防机制的意见》等重要文件，以风险为核心的加快构建风险等级管控防线、信息预警监控能力建设工程、风险防控能力建设工程等成为标本兼治并遏制重特大事故的重要措施与重点工程。

虽然近年来我国修订了《中华人民共和国安全生产法》等政策文件，但工业园区安全防控仍然是一个挑战，也是一个迫切需要解决的问题。

1.2　工业园区火灾研究现状及发展趋势

针对工业园区火灾事故应急防控技术，国内外学者采用了理论分析、事后调查、应急演习及数值仿真等手段，从工业园区火灾风险评估、火灾演化机理、火灾防控技术等角度开展了研究。

1.2.1　工业园区火灾风险评估研究

国内外对工业园区火灾风险评估的研究总体经历了从定性、半定量到定量的过程。目前，常用的定性风险评估方法包括安全检查表法（SCL）、预先危险性分析（PHA）、故障类型和影响分析（FMEA）、作业条件危险性评估法（LEC）、危险与可操作性分析法（HAZOP）等。这些方法应用简单，便于操作，评估过程及结果直观，在明确特定风险和指导风险应对方面十分重要，但含有较高的经验成分，带有一定的局限性，对系统危险性分析缺乏深度，且不同类型评估对象的评估结果没有可比性。半定量风险评估方法包括道化学火灾爆炸指数评价法（美国）、风险矩阵法（英国）、蒙德法（英国）、化工厂安全评估六阶段法（日本）和化工厂危险程度分级法（中国）等。半定量风险评估方法解决了复杂系统中事故概率与事故后果严重程度的分级量化表述问题，实现了风险的计算，适用于难以用概率或后果模型进行准确计算的生产系统，因其操作简单，常应用于石油及化工等领域。然而，该方法对安全防护系统的功能重视不够，特别是未考虑危险物质和安全防护系统间的相互作用关系，评估指标值的确定未考虑指标相关影响因素的客观条件，致使同类生产装置的评估结果相似并与实际差别较大，从而导致方法的灵活性和敏感性较差。定量风险评估包含概率风险评估和伤害（或破坏）范围评估两方面。其中，概率风险评估是采用概率统计、可靠性分析理论及可靠性试验等方法确定生产部件或系统的事故概率，典型的概率风险评估方法有情景分析法（如事故树法、事件树法、保护层分析法、Petri网法）、回归预测法、时间序列法、马尔可夫链预测法、灰色预测法、非线性预测模型（如贝叶斯网络模型、蒙特卡洛法、基于BP神经网络法）等。伤害（或破坏）范围评估是采用事故后果模型进行事故后果的计算，主要包括泄漏与扩散模型、池火模型、喷射火模型、蒸气云爆炸超压破坏模型、沸腾液体扩展蒸气爆炸模型等。

工业园区火灾事故的变化和发展是极其复杂且混乱的，具有随机性和偶然性，但本质上又包含着规律性、因果性和必然性。从系统安全角度分析，它是一个动态随机的非线性过程。目前，还没有发现一种风险评估方法能解决所有的安全风险问题。在考虑解决风险问题时，更多是考虑几种风险评估方法的组合运用，国际上很多风险问题也是采用组合方法解决的，我国的应用实践也是如此。C. Delvosalle等人针对重大危险源可能导致的事故后果场景进行了分析。V. D. Dianous等人采用蝴蝶结结构图分析方法研究化工企业面临的各类事故后果与原因。陈毛毛将地理信息系统应用于火灾风险评估和应急疏散决策中，设计开发了一款基于GIS的石化园区火灾风险评估与应急疏散系统并进行应用。陈柏封考虑雷电、台风、地震等多灾种风险，从风险容许的角度，评估了多灾种耦合下化工园区安全风险水平。胡灵慧提出了基于分区理论的分段线热源火焰热辐射计算模型和基于随机着色Petri网的多米诺效应事故计算判断方法，以提高化工火灾热辐射的预测精度。蔡琢基于物元、可拓学原理、层次分析法及关联函数，结合事故可能性和事故严重度建立了化工园区重大危险源排序方法，构建了化工园区风险综合评估的指标体系和模型。林乔禹以虎门港立沙岛精细化工园区为研究对象，利用可接受风险计算方法进行火灾爆炸风险分析。孙爱军依据事故风险分析原理和事故致因理论，以定性与定量相结合的方式提出了工业园区事故风险综合评价的MEVIP模型，包括事故发生概率、事故后果强度、园区风险脆弱性、应急能力及安全管理五个方面。何泽南以天津市滨海新区南港化工区为研究对象，利用 GIS 技术确定了园区的整体火灾风险水平等级。杨锐在道化法和蒙德法的基础上，计算危险化学品重大危险源指数。张秀玲等人将层次分析法与安全检查表法相结合，提出了一种针对工业园中小企业的火灾风险水平调查体系与量化评估方法，并对深圳市典型工业园内的中小企业开展调查与评估。陈雪利用层次分析法对化工园区危险性进行了评价。

此外，Villa 等学者在系统回顾定量风险评估方法研究的发展现状基础上，提出定量风险评估要向动态定量风险评估的方向继续深入的想法。动态风险是一个广义的概念，是各种类型风险在时间维度上的拓展。风险，尤其是多米诺效应风险，一旦进入动态的时空中，其影响机理与演化特征的复杂性会极大增加。Khakzad 考虑多米诺效应的传播的时间性，运用动态贝叶斯网络实现空间的多米诺效应在时间上的变换，得出在众多多米诺事故传播链中最有可能的传播路径。贾梅生根据多米诺效应综述，从火灾环境过程设备破坏失效可能性切入，进行过程设备火灾易损性分析，提出多米诺效应防控五级递阶策略系统工程方法。张苗对化纤生产企业的多米诺效应风险进行了定量分析，提出了多米诺效应风险的定量评估方法，构建了针对企业潜在的事故风险特点的消防应急能力评估模式。黄玥诚构建了一套基于复杂网络的分析与定量方法，从拓扑模型的视角对高危生产系统动态风险的全过程演化特征进行了描述与规律分析，并结合这些动态特性完成了对系统动态风险的定量评估。王媛靖综合了危险指数评价法、伤害范围评价法、多米诺效应概率模型等方法，构建了化工园区安全评价模型，并对新绛县化工园区进行了风险分析。吕强运用 BP 神经网络原理进行动态分级，通过 MATLAB 的 GUI 建立了危险源动态分级系统。童琦选取典型的重大事故灾害链，根据实时获得的观测信息，建立了基于贝叶斯网络的重大事故及其次生衍生灾害的风险评估方法。宋超通过引入相关数学模型来综合考虑时空变化对城市火灾发生的影响，充分考虑火灾发生的时空变化特征，并在此基础上建立一种与城市发展相适应、动态的消防站选址规划模型。

1.2.2　工业园区火灾演化机理研究

目前，对于工业园区事故演化机理大多是对事故现象和传播规律的研究，主要集中在事故多米诺效应分析、定量风险评估、事故后果模拟等方面。

V. Cozzani 经过多次实验找出了热辐射量计算模型的临界值及阈值，并对多米诺效应进行了详细分析，该理论模型可计算热辐射是否引发设备损伤。J. Y. Lee 等利用伤害半径构建了相应的数学模型，并借助数学方法及手段设计出研究事故场景的软件（nonlinear programming）。周成对影响多米诺的热辐射进行了深入研究和分析，将燃烧储罐是否会引发其他储罐的概率定量化，对事故后果进行了有效预测。何静等对大型 LNG 罐区的个人风险及泄漏事故后果进行了数值模拟分析，建立了空间位置的个人风险定量模型和泄漏火灾爆炸事故后果计算模型。刘美磊分析了不同风速情形下火灾热辐射的分布规律以及影响因素。吴兆鹏研究了在有风、无风的状态下，3000 m^3 汽油、柴油储罐等受多米诺效应影响的相关参数。陈伟珂运用系统动力学对危化品火灾爆炸事故进行了仿真分析，为多因素耦合导致的危化品事故提供可视化描述。王永兴从园区多重大危险源系统结构分析出发，构建了化工园区事故链式演化动力学模型，提出了化工园区重特大事故演化三级防控策略及应急救援体系。周志航开展了中度尺寸天然气并行管道喷射火几何形态与热辐射分布特征实验，建立了非稳态喷射火环境下目标管道动态热响应分析模型，揭示了目标管道热失效作用机理，构建了基于多级设计或运行参数优化的并行管道喷射火事故多米诺效应防控策略。许晓晴运用 ALOHA 软件考虑不同火灾初始场景及化工园区的储罐情况，构建了灭火救援圈模型，优化配置了各项灭火资源。张凯华利用事故的演化衍生规律进行化工园区火灾事故情景推演，并基于案例推理方法的知识匹配，给出相应的辅助决策信息。

1.2.3　工业园区火灾防控技术研究

工业园区火灾防控技术主要集中在事故风险预警模型、规划布局、灭火装置及应急救援决策支持等方面。

Kourniotis 根据化工园区多米诺事故与非多米诺事故的对比分析，提出针对多米诺事故的统计学预警模型。G. L. L. Reniers 等提出了针对化工园区多米诺事故的预警体系，其开发的园区安全管理系统（CSMS）在安特卫普化工区得到较好的应用，并构建了集风险矩阵、预先危险性分析和假设分析于一体的 Hazwim 框架。C. H. Je 等开发的危化品监测系统能够对废弃场所的危险物质释放速度进行实时监测，从而实现事故预警。V. Cozzani 等开发的 Aripar-GIS 软件可以对园区可能发生重大事故场景的位置进行评估。刘培提出了适合石化储罐区工艺特点及致灾特点的含多因素诱发、多环境影响、多事故点协同作用的多米诺效应场景模式，构建了石化储罐区多米诺事故预防模式与控制模式。张悦建立了基于多层次灰色评价法的化工设备失效概率修正模型，并结合典型数值模拟，建立了定量风险计算模型，提出了适用于我国化工园区的可容许风险标准，在此基础上，建立了基于确定性拥挤机制的小生境遗传算法（DCGA）的化工园区布局优化模型。段伟利基于生物免疫机理构建预警指标体系，实现园区风险预警。周剑锋在 Kalman 滤波移动平均预测的基础上，对多 Agent 远程监控重大危险源控制系统进行改进，从而实现风险的实时预警，并分别应用 Petri 网络建模和事件序列图法分析了应急措施对于火灾事故的影响及应急响应对于大规模火灾的干预效应。陈国华等依据风险熵和突变模型理论，通过构建化工园区事故风险突变模型，实现对园区二次事故的预警。王飞跃等通过研究化工园区应急管理能力影响指标，从控制事故能力的角度，对园区的应急能力进行了评估。冯海杰基于工业大数据构建了一种基于贝叶斯网络的动态风险分析方法，并提出了一种基于多源安全数据融合的火灾事故风险预警方法。冯显富基于混沌理论和现代安全风险管理理论，提出了基于混沌理论的安全风险预警模式，并以石油炼化若干高危装置为研究对象，探讨了石油炼化高危系统实施安全风险预警的具体方法和技术。

1.3 工业事故特征分析

1.3.1 方法和数据

本节的工业事故统计以中国火灾统计年鉴、中国消防年鉴为主要数据来源，并以中国化学安全网（NRCC，http://service.nrcc.com.cn）和化学品事故信息网（Incident.NRCC，http://accident.nrcc.com.cn）的数据作为重要补充，部分事故信息是从当地政府网站或新闻报道中获得的。其中，2000—2018年的事故信息主要来自中国火灾统计年鉴和中国消防年鉴，2019—2020年的事故信息主要来自化学品事故信息网。

本节的工业事故主要指在工厂或工业园区内生产、转运、储存等活动中发生的事故，不包括烟花爆竹厂、加油加气站、危化品长输管线或运输途中发生的事故。我国工业事故中，火灾、爆炸、中毒/窒息、泄露的事故占80%以上，本书主要涉及这些事故类型，不涉及喷溅、触电、灼烫、坍塌、倾覆等事故类型。

按照我国事故等级分级标准，根据事故死亡人数、重伤人数或直接经济损失，将工业事故分为一般事故、较大事故、重大事故和特别重大事故，如表1-2所示。我国火灾事故等级分级标准在2007年有所变化，由原来的特大火灾、重大火灾、一般火灾三个等级调整为特别重大火灾、重大火灾、较大火灾和一般火灾四个等级。本节统计的工业事故中，将所有事故按照2007年以后的分级标准进行分类。

表1-2 我国事故等级分级标准

事故等级	死亡人数 N_1	受伤人数 N_2	直接经济损失 N_3（万元）
特别重大事故	$N_1 \geqslant 30$	$N_2 \geqslant 100$	$N_3 \geqslant 10000$
重大事故	$10 \leqslant N_1 < 30$	$50 \leqslant N_2 < 100$	$5000 \leqslant N_3 < 10000$
较大事故	$3 \leqslant N_1 < 10$	$10 \leqslant N_2 < 50$	$1000 \leqslant N_3 < 5000$
一般事故	$N_1 < 3$	$N_2 < 10$	$N_3 < 1000$

本节对2000年1月1日至2020年12月31日我国发生的478起较大以上工业事故进行了统计调查，运用统计学方法研究我国较大工业事故的特征，使用的事故信息主要包括时间、地点、事故类型、涉及的危险物质、工作状态、事故原因、事故序列、人员伤亡等，并结合相对概率事件树分析工业事故多米诺效应。

1.3.2 事故特征分析

1.3.2.1 时间分布特征

时间分布特征从年、月、日、小时四个层次进行分析，如图1—1~图1—4所示。

根据SPSS中皮尔逊相关性检验结果，我国工业事故总起数与当年的工业增加值之间存在显著正相关（$P=0.002$），工业事故起数与死亡人数存在显著正相关（$P=0.000$）。因此，本书根据我国工业化、安全生产及应急管理发展，将工业事故分为以下三个阶段：

（1）第一阶段为2000—2012年。在这一阶段，我国工业化快速发展，经济增长方式加快转变，受国家安全生产发展及政策制定的影响，工业事故发生起数及死亡人数处于波动状态。这一阶段事故数量的三次下降（2002年、2007年、2012年）都与政策制定有紧密关系。2000年设立国家安全生产监督管理局，2001年成立国务院安全生产委员会，2002年事故数量有所下降。2006年，国务院发布关于全面加强应急管理工作的意见（国发〔2006〕24号），初步形成以"一案三制"为核心的应急管理体系。2012年，扎实开展"安全生产年"活动。

（2）第二阶段为2013—2017年。随着"十二五"规划的全面实施，安全监管力度跟不上工业发展速度，事故数量逐年上升。为了更加适应我国工业的发展，2014年修订了《中华人民共和国安全生产法》，2016年印发了《危险化学品安全综合治理方案》，2016年事故发生数量有所下降。

（3）第三阶段为2018—2020年。2018年，中华人民共和国应急管理部正式挂牌，标志着我国进入新时代应急管理体系建设与发展阶段，事故数量稳定持续下降。

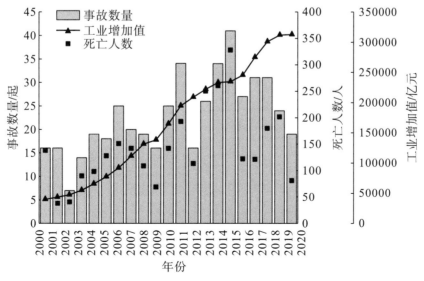

图1—1　年份趋势图

工业事故主要集中在3月、4月、7月、8月，如图1-2所示。3月是我国农历新年后的第一个工作月，历来是安全生产事故易发多发的月份，企业全面复工复产，春节后人员安全意识薄弱，不安全行为增加。7月、8月是我国最炎热的季节，高温是危化品事故发生的主要原因之一，加上工人的生理和心理受高温影响容易疲劳。与其他月份相比，11月有小幅上升，主要是受年度生产目标的驱使，追求经济效益，忽视安全问题，这与B. Wang等人的研究结果一致。8月的死亡人数达到500人以上，主要是8月发生了2起特别重大事故，分别是天津港"8·12"爆炸事故（死亡173人）和昆山经开区中荣金属"8·2"爆炸事故（死亡97人）。

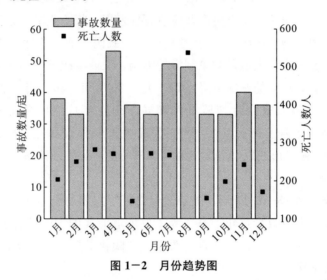

图1-2　月份趋势图

工业事故数量在星期分布上无显著差异，如图1-3所示，这与我国煤炭瓦斯事故的分布相似。我国大多数工业企业采用轮休制度，周末不停产，工作日与周末的事故数量差距不大。

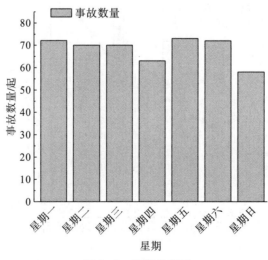

图1-3　星期分布图

从 24 小时来看，事故主要发生在 9:00—11:00 和 15:00—16:00 时段，如图 1-4 所示，这些时段正是繁忙的生产工作时间。9:00—11:00 是上班后的两小时前后，为工作的第一疲劳期。15:00—16:00 是午后的困乏段，人的体力、精力等都处于间歇调整期，容易出现误操作引发失误。

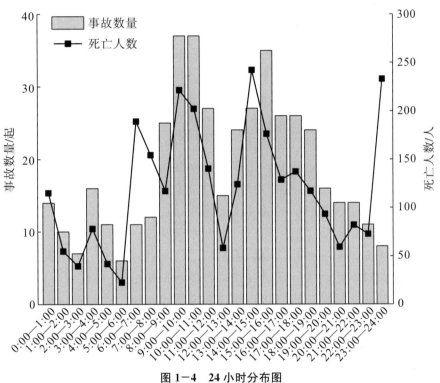

图 1-4　24 小时分布图

1.3.2.2　位置分布

为了进一步验证我国工业事故与工业增加值（IAV）的相关性，将不同省份的工业事故数量、死亡人数与其工业增加值进行皮尔逊相关性验证，如表 1-3 所示。总体上，各省份工业事故数量、死亡人数与其工业增加值显著相关（$P=0.000$），即大多数事故会发生在工业增加值较高的省份。另外，在 2010—2015 年，各省份工业事故死亡人数与其工业增加值皮尔逊相关系数为 0.434（$P=0.015$），主要是由于该期间发生了 3 起特大事故，分别为天津港 "8·12" 爆炸（死亡 173 人）、昆山中荣金属 "8·2" 爆炸（死亡 97 人）、吉林宝丰禽业 "6·3" 火灾（死亡 121 人）。

表 1-3　不同省份工业事故与工业增加值（IAV）的相关性分析

年份		2000—2020	2000—2005	2005—2010	2010—2015	2015—2020
IAV & 事故数量	皮尔逊相关性	0.751**	0.673**	0.734**	0.576**	0.609**
	Sig.（双尾）	0.000	0.000	0.000	0.001	0.000
IAV & 死亡人数	皮尔逊相关性	0.744**	0.643**	0.783**	0.434*	0.718**
	Sig.（双尾）	0.000	0.000	0.000	0.015	0.000

注：** 表示在 0.01 级别（双尾），相关性显著；* 表示在 0.05 级别（双尾），相关性显著。

不同省份工业事故数量、死亡人数、年份分布如图 1-5、图 1-6 所示。工业事故数量在 30 起以上的地区是山东、河北、浙江、江苏，均属于东部沿海工业大省。这四个省共发生了 167 起较大以上工业事故，死亡 1248 人，约占所有工业事故的 35% 和死亡人数的 42%。2015 年以来，山东、河北、江苏的工业事故数量居高不下，分别为 16 起、18 起和 10 起，占总数的 28%、45% 和 30%，这主要是由于这几个省份工业发展较早，设备老旧、管道腐蚀等问题逐渐显现，维保检修过程中工业事故发生较多。工业事故死亡人数在 200 人以上的地区是山东、江苏、河北、浙江和天津，这与工业事故数量基本一致。天津的工业事故数量仅 8 起，但死亡人数超过 200 人，主要是由于 2015 年的天津港"8·12"爆炸事故造成 173 人死亡，798 人受伤，直接经济损失 68.66 亿元，造成重大社会影响。总体而言，由于经济和安全管理能力发展的差异性，较大的区域不平衡是我国工业事故的一大重要特征。

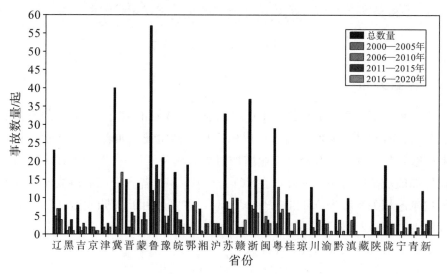

图 1-5　不同省份工业事故数量分布

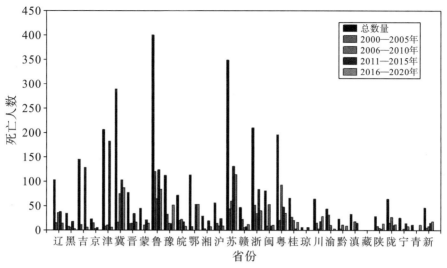

图 1-6 不同省份工业事故死亡人数分布

1.3.2.3 事故等级及类型

按照我国事故分级标准，本次统计的工业事故中，特大、重大和较大事故发生起数的比例为 1∶6∶67，具体占比如图 1-7 所示，相当于每发生 12 起较大事故就有可能有 1 起重大事故，每发生 7 起重大事故就有可能有 1 起特别重大事故。值得注意的是，所有 6 起特别重大事故均为火灾爆炸事故，火灾爆炸事故容易造成大量的人员伤亡和财产损失。

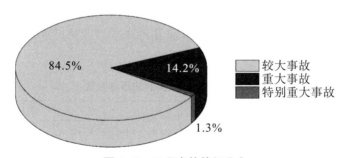

图 1-7 工业事故等级分布

按照事故类型对 2000—2020 年发生的较大以上工业事故进行统计，结果如图 1-8 所示。最多的是爆炸和火灾，分别占比 41.6% 和 32.4%，然后是中毒（占 28.2%）、泄露（占 12.5%），最后是窒息（占 1.7%）。这些占比加起来超过 100%，因为一些事故有多重事故类型，比如泄露可能引发中毒或爆炸，火灾也可能是爆炸引起的。

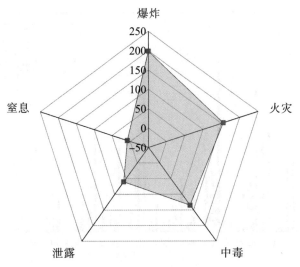

图 1-8　工业事故的类型分布

1.3.2.4　事故涉及的危险物质种类

根据我国《危险货物分类和品名编号》（GB 6944—2012），将危险货物分为爆炸品、气体、易燃液体、易燃固体/易于自燃的物质/遇水放出易燃气体的物质、氧化性物质和有机过氧化物、毒性物质和感染性物质、放射性物质、腐蚀性物质、杂项危险物质等 9 类，并将塑料、纺织物、木材等可燃固体与易燃固体视为一类。本书根据《危险货物品名表》（GB 12268—2005）将统计的事故涉及的危险物品进行分类分析，单起事故可能涉及多种危险物质，如表 1-4 所示。整体上来说，工业事故主要涉及易燃液体和气体，但在爆炸、火灾、中毒等不同事故中表现出一定的差异性。

表 1-4　不同类型物质的事故数量

危险物品	事故数量		
	爆炸	火灾	中毒、窒息
事故总数量	199	155	140
不明	25	28	22
爆炸品	12	5	0
气体	72	18	89
易燃液体	61	47	4
易燃固体/易于自燃的物质/遇水放出易燃气体的物质	18	50	2
氧化性物质和有机过氧化物	10	5	3
毒性物质和感染性物质	6	0	17
腐蚀性物质	2	1	5
杂项危险物质	1	5	0

注：由于一起事故可能涉及多种类别危险物质，所以不同类别危险物质的事故数量之和大于事故数量。

爆炸涉及的物质以气体（41.4%）和易燃液体（35.1%）为主。气体以蒸汽、煤气、氢气为主，事故数量均在 10 起以上，占所有气体爆炸事故的 51.4%。爆炸涉及的易燃液体的物质品类较多，以乙醇、汽油为主，约占 26.2%。由硝化物（如硝酸铵、硝化纤维等）等爆炸品引发的爆炸事故约占 6.9%，但仍不容忽视。

火灾涉及的物质以可燃固体（39.4%）和易燃液体（37%）为主。由燃油（包括汽油、柴油、石脑油等）和乙醇引发的火灾事故较多，约占 48.9%。

中毒和窒息事故涉及的物质以气体（78.8%）为主，中毒气体以硫化氢（35.6%）、煤气（18.6%）、一氧化碳（11.9%）、氮气（6.8%）等为主。此外，硫化氢、氨气、甲硫醇、氟化氢引发的中毒事故有 3~5 起，如图 1-9 所示。

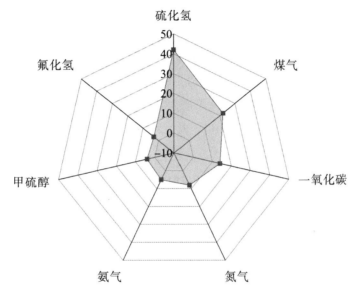

图 1-9　涉及的不同气体的中毒和窒息事故数量

1.3.2.5　工作状态

根据事故统计结果，将事故发生时的工作状态或地点分为以下几个类别：生产过程、维保和检修、储存、调试和试生产、装运和转移、施工、其他。其他中包含工厂的办公楼、宿舍、食堂等附属设施或废料堆积、停产车间，废物集装箱等场所。本次统计事故中，有 465 起事故的工作状态信息。如图 1-10 所示，这些事故中生产过程中发生的事故最多，占 51.4%；其次是维保和检修，占 30.8%。在储存的状态下发生的事故约占 6.7%，主要是由电气故障、储存物质自燃、人为纵火或暴雨引起的。调试和试生产、装运和转移、施工各约占 3%，虽然占比少，但仍然不能忽视，尤其是试生产过程，需在完善的生产方案和安全状态下进行。

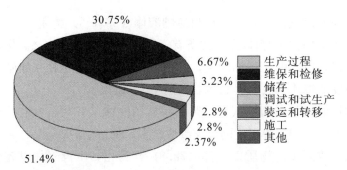

图1-10　不同工作状态下的工业事故

1.3.2.6　事故原因

工业事故的原因主要有工艺设计缺陷、管道或阀门损坏、设备缺陷或故障、电气设备或线路故障、违规或操作不当、安全管理不善、安全防护措施不足、偶然事件等，其中安全防护措施包含个人防护措施、通风措施等，偶然事件包含暴雨、雷击、停电等。本次统计的事故中有433起明确原因，如表1-5所示，由违规或操作不当引起的事故及死亡人数最多，占比达到49%，死亡人数达1083人，其次是安全防护措施不足（20.6%）和设备缺陷或故障（19.6%）。

表1-5　不同原因引发的事故数量及死亡人数

事故原因	事故数量	百分比（%）	死亡人数
工艺设计缺陷	31	7.2	148
管道或阀门损坏	25	5.8	142
设备缺陷或故障	85	19.6	589
电气设备或线路故障	42	9.7	398
违规或操作不当	212	49.0	1083
安全管理不善	46	10.6	432
安全防护措施不足	89	20.6	436
偶然事件（含雷击、暴雨、停电等）	7	1.6	38

注：由于一些事故可能由多种原因引发，所以百分比之和大于100%。

违规或操作不当是引发爆炸（56.3%）、火灾（38.6%）、中毒（56.7%）等工业事故的主要原因，尤其在维保和检修、施工过程中，分别占其总数量的74.6%和84.6%。值得注意的是，在维保和检修事故中，有33起是由焊接、气割等动火作业引发的，约占27%。在储存过程中，由电气故障引发的事故有11起（40.7%），由人为纵火、自燃和偶然事件引发的各有3起，且偶然事件均是暴雨。在调试和试生产过程中，违规或操作不当有5起（33.3%），工艺设计缺陷有4起（26.7%）。

爆炸主要是由违规或操作不当（56.3%）引起的，因设备故障和缺陷造成的爆炸（46起，25.1%）以及因电气故障造成的火灾（38起，27.1%）也不在少数。此外，因安全防护不足引起的中毒事故有 77 起（64.2%），其中，无防护设备进行盲目施救导致事故伤亡扩大的有 68 起（56.7%）。

1.3.3 多米诺效应事故分析

由于工厂集群布置，危险源高度集中，工业园区很容易发生多米诺效应事故。多米诺效应事故是指初始意外事件在设备内（"暂时"）和/或附近设备（"空间"）连续或同时传播，触发一个或多个次要意外事件，进而可能触发更多（更高阶）意外事件，导致总体后果比主要事件更严重的事故。由于部分事故调查报告中的事故数据不完整，本次统计采用保守的方法，仅考虑了有明显多米诺效应的事故。在本次统计事故中，有 59 起多米诺效应事故（12.3%），造成 787 人死亡，相当于每 8 起较大及以上工业事故中就会发生 1 起多米诺效应事故，平均每 1 起多米诺效应事故造成 13 人死亡。

大多数多米诺效应事故涉及易燃物质。在本次统计多米诺效应事故中，如图 1-11 所示，涉及最多的是易燃液体（21 起，35.6%）和气体（18 起，30.5%）。易燃液体以甲苯（5 起，8.5%）为主，汽油（3 起）、乙醇（3 起）、甲醇（3 起）的事故数量大致相同（各 5%）。在 3% 的事故中发现了煤气、液化气或氯。

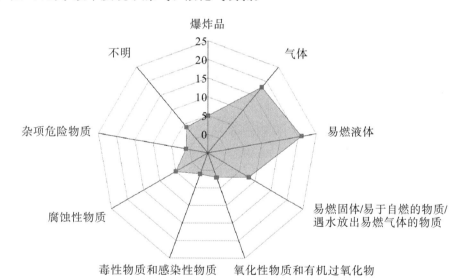

图 1-11　不同类型物质的多米诺效应事故数量

工业多米诺效应事故主要发生在生产过程（32 起，54.24%），其次是维保和检修过程（17 起，28.81%），如图 1-12 所示。生产过程中的多米诺效应事故主要是由设备故障或缺陷（11 起，34.3%）引发的，其次是违规或操作不当（10 起，31.3%）。违规或操作不当（13 起，76.5%）也是维保和检修过程中发生事故的主要原因。当危险物质储存、装运或转移过程中发生火灾或爆炸时，更容易触发多米诺效应事故。事故中涉及储存过程的占 6.78%，涉及装运或转移过程的占 5.08%。

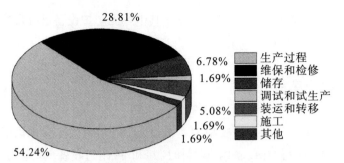

图1-12　不同工作状态下的工业多米诺效应事故

在工业多米诺效应事故中，大多数事故都与爆炸有关，在本次统计中，涉及爆炸的事故有55起（93.2%）。在相对概率事件树中，如图1-13所示，初始事件主要是爆炸（50.8%）、泄露（28.8%）和火灾（20.3%）。最常见的多米诺骨牌序列是爆炸→火灾（23.7%）、火灾→爆炸（15.3%）和泄露→爆炸（15.3%）。在统计的59起多米诺效应事故中，42起涉及一级多米诺效应（即初始事故＋次要事故），17起涉及二级多米诺效应（即初始事故＋次要事故＋三级事故）。一级和二级多米诺效应事故之间的比值为2.5。

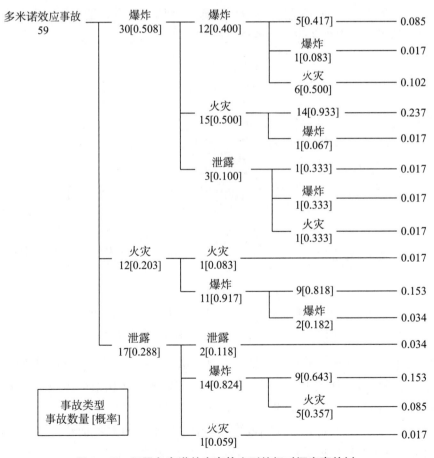

图1-13　不同多米诺效应事故序列的相对概率事件树

1.4 小 结

安全对工业发展至关重要。自 2016 年以来，"坚决遏制重特大安全事故发生"一直是我国政府安全工作的首要目标。我国工业事故数量整体有所下降，但工业事故形势仍然严峻。随着布局园区化、装置大型化、生产智能化的新趋势，我国工业产业结构升级步伐加快，同时也面临新旧风险叠加的严峻挑战，风险隐患叠加并进入集中暴露期，防范化解重大安全风险的任务艰巨复杂。

我国工业事故呈现较大的区域不平衡，主要集中在经济发达的东部沿海地区，并与地区的工业增加值显著相关。大多数事故会发生在工业增加值较高的省份，即工业化程度越高的地区风险越高。这也与地区的安全管理水平有关。例如 2000—2020 年，广东省的工业增加值为 446600 亿元，发生了 29 起较大以上事故，而山东省的工业增加值为 303928 亿元，发生了 57 起较大以上事故。这是因为广东省安全管理水平较高。山东省、河北省、江苏省等区域的工业发展起步早，设备老旧、管道腐蚀等问题逐渐显现，由于设备故障或操作不当等，事故数量居高不下。为了推动工业安全生产转型升级，不同省份结合其工业特点出台了相应的政策。山东省落实危险化学品安全风险集中治理，开展化工园区安全整治。江苏省要求企业每年至少开展一次安全风险辨识，截至 2022 年 3 月 16 日，全省已有29.6 万家企业完成风险报告，完成进度超过 90%。广东省推动村镇工业集聚区升级改造，加强安全生产和消防安全综合整治。

工业事故的原因多种多样，人为因素是最主要的原因。本次统计的工业事故主要是由违规或操作不当引起的，尤其在维保和检修、施工过程中。违规是危险货物事故中最突出的因素，违规意味着操作人员不遵守工业生产的规则、规定或标准操作程序。这就需要企业管理者进一步加强操作人员的培训和教育。危险的物质环境和机械设备是操作失误的直接原因。当工人处于危险化学品的非常规环境中或面对异常的机械设备时，往往会产生恐惧心理，加上技术失误、决策失误等原因，容易造成工人的不安全行为。因此，从人的意识、准入条件和人的行为等方面开发和实施旨在防止人为错误的事故预防技术和制度至关重要。

工业事故主要涉及易燃液体和易燃气体，由于易燃液体和易燃气体的点火能量很低（<1 mJ），所以需注意工业场所中点火源的控制，包括明火、电火花、静电。尤其在维保和检修过程中，应严格落实焊接、气割等动火作业审批许可，保障现场防护措施，并加强对动火作业相关人员的教育培训。此外，在储存过程中，由电气故障造成的事故占40.7%，应加强仓库电气线路的管理，并注意危化品的自燃以及暴雨等极端天气影响。

多米诺效应事故发生的频率很高（12.3%），这是由于工厂成组分布，设备和危险储罐等布置紧凑，安全距离较小。当发生爆炸、火灾或泄露时，在热辐射、超压或碎片的影响下，事故很容易升级，触发多米诺效应。工业多米诺效应事故主要发生在生产过程

工业园区火灾评估及防控信息化技术

（54.24%），其次是维保和检修过程（28.82%）。大多数多米诺效应事故都与爆炸有关。爆炸更容易引起二次事故，其次是火灾。最常见的多米诺骨牌序列是爆炸→火灾（23.7%）、火灾→爆炸（15.3%）和泄露→爆炸（15.3%）。一级和二级多米诺效应事故之间的比值为2.5，这与Abdolhamidzadeh等人的研究（比值为2.2）接近。

整体上来说，我国工业事故呈现较大的区域不平衡，主要集中在经济发达的东部沿海地区，这与我国不同地区工业发展水平有着直接联系。事故主要集中在3月、4月、7月、8月，容易发生在9:00—11:00和15:00—16:00时段。在生产过程、维保和检修中发生的工业事故占80%以上，主要是爆炸和火灾。工业事故主要涉及易燃液体和易燃气体，但在爆炸、火灾、中毒等不同事故中有一定的差异性。由于大部分事故是由违规或操作不当引起的，在工业事故预防中减少或防止人为错误至关重要。多米诺效应事故在工业园区更容易发生，应从安全距离、安全屏障、安全规划等方面尽可能避免事故的升级。

对过去事故的分析（PAA）有助于了解工业事故的发生机理，为制定事故预防策略提供有用的信息。尽管事故数据库的完整性、事故报告的准确性等因素可能造成事故统计结果的偏差，但对过去事故的分析仍然是工业事故预防的重要支柱。然而，由于不同的主管部门需求不同，采用的数据收集标准和程序不同，目前我国工业事故相关数据系统高度分散和不完整。我国急需构建更加可靠、准确、全面的事故数据系统，为事故预防和响应提供有用信息。

参考文献

[1] RENIERS G L L, ALE B J M, DULLAERT W, et al. Designing continuous safety improvement within chemical industrial areas [J]. Safety Science, 2009, 47 (5): 578−590.

[2] COZZANI V, RENIERS G. Historical Background and State of the Art on Domino Effect Assessment [M] // RENIERS G, COZZANI V. Domino Effects in the Process Industries. Amsterdam: Elsevier, 2013: 1−10.

[3] HUANG L, WAN W, LI F, et al. A two-scale system to identify environmental risk of chemical industry clusters [J]. Journal of Hazardous Materials, 2011, 186 (1): 247−255.

[4] CASCIANO M, KHAKZAD N, RENIERS G, et al. Ranking chemical industrial clusters with respect to safety and security using analytic network process [J]. Process Safety and Environmental Protection, 2019, 132: 200−213.

[5] RENIERS G L L, SöRENSEN K, DULLAERT W. A multi-attribute Systemic Risk Index for comparing and prioritizing chemical industrial areas [J]. Reliability Engineering & System Safety, 2012, 98 (1): 35−42.

[6] YUAN S, YANG M, RENIERS G, et al. Safety barriers in the chemical process industries: A state-of-the-art review on their classification, assessment, and management [J]. Safety Science, 148 (2022) 105647.

[7] ZHAO L, QIAN Y, HU Q M, et al. An Analysis of Hazardous Chemical Accidents in China between 2006 and 2017 [J]. Sustainability, 10 (2018) 2935.

［8］RENIERS G. An external domino effects investment approach to improve cross-plant safety within chemical clusters ［J］. Journal of Hazardous Materials，2010，177（1－3）：167－174.

［9］HEMMATIAN B，ABDOLHAMIDZADEH B，DARBRA R M，et al. The significance of domino effect in chemical accidents ［J］. Journal of Loss Prevention in the Process Industries，2014，29：30－38.

［10］李海辰，李争录，杨学斌. 工业园区消防安全存在问题及对策探析 ［J］. 武警学院学报，2013，29（4）：55－56.

［11］DELVOSALLE C，FIEVEZ C，PIPART A，et al. ARAMIS project：A comprehensive methodology for the identification of reference accident scenarios in process industries ［J］. Journal of Hazardous Materials，2006，130（3）：200－219.

［12］DIANOUS V D，FIEVEZ C. ARAMIS project：A more explicit demonstration of risk control through the use of bow-tie diagrams and the evaluation of safety barrier performance ［J］. Journal of Hazardous Materials，2006，130（3）：220－233.

［13］陈毛毛. 基于 ArcGIS 的盛虹石化园区火灾风险评估与应急疏散系统研究 ［D］. 淮南：安徽理工大学，2018.

［14］陈柏封. 多灾种耦合下化工园区安全风险评估技术 ［D］. 廊坊：华北科技学院，2019.

［15］胡灵慧. 化工园区喷射火灾热辐射模型及多米诺风险评估方法研究 ［D］. 杭州：浙江工业大学，2020.

［16］蔡琢. 化工园区区域风险综合评价技术研究 ［D］. 南京：南京工业大学，2008.

［17］林乔禹. 虎门港立沙岛精细化工园区火灾爆炸风险分析与对策 ［D］. 广州：华南理工大学，2018.

［18］孙爱军. 工业园区事故风险评价研究 ［D］. 天津：南开大学，2011.

［19］何泽南. 基于 GIS 的天津南港化工区火灾风险评估 ［D］. 天津：天津大学，2014.

［20］杨锐. 基于重大危险源风险分析的城市规划方案优选研究 ［D］. 沈阳：沈阳航空航天大学，2016.

［21］张秀玲，卢颖，姜学鹏，等. 工业园中小企业火灾风险评估与调查研究 ［J］. 消防科学与技术，2019，38（2）：202－207.

［22］陈雪. 化工园区定量风险评估研究 ［D］. 沈阳：沈阳理工大学，2018.

［23］VILLA V，PALTRINIERI N，KHAN F，et al. Towards dynamic risk analysis：A review of the risk assessment approach and its limitations in the chemical process industry ［J］. Safety Science，2016，89：77－93.

［24］KHAKZAD N. Application of dynamic Bayesian network to risk analysis of domino effects in chemical infrastructures ［J］. Reliability Engineering & System Safety，2015，138（6）：263－272.

［25］贾梅生. 过程设备火灾易损性理论与多米诺效应防控 ［D］. 广州：华南理工大学，2017.

［26］张苗. 化纤生产企业多米诺效应风险与消防应急能力评估方法研究 ［D］. 天津：天津工业大学，2019.

［27］黄玥诚. 高危生产系统动态风险的拓扑模型与定量方法研究 ［D］. 北京：中国地质大学，2017.

［28］王媛婧. 化工园区区域安全评价研究 ［D］. 太原：中北大学，2015.

［29］吕强. 基于 BP 神经网络的石化码头储罐区危险源动态分级研究 ［D］. 天津：天津理工大学，2015.

［30］童琦. 基于贝叶斯理论的库区重大事故风险分析 ［D］. 合肥：中国科学技术大学，2019.

[31] 宋超. 面向城市消防站选址规划的时空动态火灾风险建模分析 [D]. 合肥：中国科学技术大学，2017.

[32] COZZANI V，GUBINELLI G，ANTONIONI G，et al. The assessment of risk caused by domino effect in quantitative area risk analysis [J]. Journal of Hazardous Materials，2005，127（1−3）：14−30.

[33] LEE J Y，LEE J W，KO J，et al. Optimization for allocating the explosive facilities in order to minimize the domino effect using nonlinear programming [J]. Korean Journal of Chemical Engineering，2005，22（5）：649−656.

[34] 周成. 化工储罐区事故多米诺效应概率分析 [J]. 石油化工设备，2010，39（3）：31−35.

[35] 何静，张礼敬，陶刚，等. 大型 LNG 储罐区个人风险及泄漏后果定量分析 [J]. 工业安全与环保，2015，41（10）：46−49.

[36] 刘美磊. 石油化工行业典型火灾事故数值模拟研究 [D]. 青岛：中国石油大学（华东），2011.

[37] 吴兆鹏. 储油罐池火灾事故后果分析 [J]. 中国储运，2012（7）：122−123.

[38] 陈伟珂，张欣. 危化品储运火灾爆炸事故多因素耦合动力学关系 [J]. 中国安全科学学报，2017，27（6）：49−54.

[39] 王永兴. 基于多重大危险源的化工园区重特大事故演化机理及防控策略 [D]. 广州：华南理工大学，2018.

[40] 周志航. 天然气输送管道喷射火危害特征及多米诺效应防控研究 [D]. 广州：华南理工大学，2019.

[41] 许晓晴. 化工园区火灾场景分析与灭火救援圈的研究 [D]. 沈阳：沈阳航空航天大学，2019.

[42] 张凯华. 化工园区火灾事故情景推演及应急知识匹配研究 [D]. 青岛：中国石油大学（华东），2017.

[43] KOURNIOTIS S P，KIRANOUDIS C T，MARKATOS N C. Statistical analysis of domino chemical accidents [J]. Journal of Hazardous Materials，2000，71（1/3）：239−252.

[44] RENIERS G L L，DULLAERT W，ALE B J M，et al. Developing an external domino accident prevention framework：Hazwim [J]. Journal of Loss Prevention in the Process Industries，2005，18（3）：127−138.

[45] RENIERS G L L，DULLAERT W. DomPrevPlanning：User-friendly software for planning domino effects prevention [J]. Safety Science，2007，45（10）：1060−1081.

[46] RENIERS G L L，DULLAERT W. A study of systemic risks within chemical clusters [C] // A study of systemic risks within chemical clusters. The Belgian National Operations Research Conference，Leuven.

[47] JE C H，STONE R，OBERG S G. Development and application of a multi-channel monitoring system for near real-time VOC measurement in a hazardous waste management facility [J]. Science of the Total Environment，2007，382（2−3）：364−374.

[48] COZZANI V，ANTONIONI G，SPADONI G. Quantitative assessment of domino scenarios by a GIS-based software tool [J]. Journal of Loss Prevention in the Process Industries，2006，19（5）：463−477.

[49] 刘培. 石化储罐区多米诺事故预防与控制的研究与应用 [D]. 天津：天津工业大学，2016.

[50] 张悦. 基于风险分析的化工园区布局优化方法研究 [D]. 北京：中国矿业大学，2013.

[51] 段伟利. 基于免疫机理的化工园区安全生产预警研究 [D]. 广州：华南理工大学，2011.

[52] 周剑峰，陈国华，陈清光. 基于 Flex 的重大危险源监测预警 Web GIS 系统研究 [J]. 工业安全与环保，2011，37（12）：11—13.

[53] ZHOU J，RENIERS G. Petri-net based simulation analysis for emergency response to multiple simultaneous large-scale fires [J]. Journal of Loss Prevention in the Process Industries，2016，40：554—562.

[54] 陈国华，王永兴，高子文. 基于风险熵的化工园区事故风险突变模型研究 [J]. 中国安全生产科学技术，2017，13（10）：18—24.

[55] 王飞跃，王维. 化工园区应急管理能力评估研究 [J]. 中国安全生产科学技术，2017，13（6）：132—138.

[56] 冯海杰. 工业大数据背景下的石化企业安全风险评估研究 [D]. 杭州：浙江大学，2018.

[57] 冯显富. 基于混沌理论的石油炼化企业风险预警预控技术研究 [D]. 北京：中国地质大学，2010.

[58] 杜晓燕，程五一，吴建华，等. 我国危险化学品事故发生规律的统计分析与对策 [J]. 安全与环境工程，2017，24（5）：158—162.

[59] 佟淑娇，吴宗之，王如君，等. 2001—2013 年危险化学品企业较大以上事故统计分析及对策建议 [J]. 中国安全生产科学技术，2015，11（3）：129—134.

[60] WANG B，WU C. China：Establishing the Ministry of Emergency Management（MEM）of the People's Republic of China（PRC）to effectively prevent and control accidents and disasters [J]. Safety Science，111（2019）324.

[61] WANG B，WU C，RENIERS G，et al. The future of hazardous chemical safety in China：Opportunities，problems，challenges and tasks [J]. Science of the Total Environment，2018，643：1—11.

[62] LI K，WANG L，CHEN X. An analysis of gas accidents in Chinese coal mines，2009—2019 [J]. The Extractive Industries and Society，2022，article in press.

[63] WANG B，WU C，HUANG L，et al. Prevention and control of major accidents（MAs）and particularly serious accidents（PSAs）in the industrial domain in China：Current status，recent efforts and future prospects [J]. Process Safety and Environmental Protection，2018，117：254—266.

[64] WANG L，CHENG Y P，LIU H Y. An analysis of fatal gas accidents in Chinese coal mines [J]. Safety Science，2014，62：107—113.

[65] 王智文，王陈. 2004—2017 年浙江省较大以上生产安全事故统计分析 [J]. 工业安全与环保，2020，46（4）：41—46.

[66] JUNG S，WOO J，KANG C. Analysis of severe industrial accidents caused by hazardous chemicals in South Korea from January 2008 to June 2018 [J]. Safety Science，2020，124：104580.

[67] WANG B，LI D，WU C. Characteristics of hazardous chemical accidents during hot season in China from 1989 to 2019：A statistical investigation [J]. Safety Science，2020，129：104788.

[68] COZZANI V，RENIERS G. Chapter one—The importance of innovation and new findings in domino effects research [M] // COZZANI V，RENIERS G. Dynamic Risk Assessment and Management of Domino Effects and Cascading Events in the Process Industry. Amsterdam：Elsevier，2021：1—13.

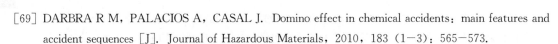

［69］ DARBRA R M，PALACIOS A，CASAL J. Domino effect in chemical accidents：main features and accident sequences ［J］. Journal of Hazardous Materials，2010，183（1－3）：565－573.

［70］ JIANG W，HAN W，ZHOU J，et al. Analysis of Human Factors Relationship in Hazardous Chemical Storage Accidents ［J］. International Journal of Environmental Research and Public Health，17（2020）6217.

［71］ KHAN R U，YIN J，MUSTAFA F S，et al. A data centered human factor analysis approach for hazardous cargo accidents in a port environment ［J］. Journal of Loss Prevention in the Process Industries，75（2022）104711.

［72］ LI X，LIU T，LIU Y. Cause Analysis of Unsafe Behaviors in Hazardous Chemical Accidents：Combined with HFACs and Bayesian Network ［J］. International Journal of Environmental Research and Public Health，2020，17（1）：11.

［73］ HUANG L，WU C，WANG B，et al. An unsafe behaviour formation mechanism based on risk perception ［J］. Human Factors and Ergonomics in Manufacturing & Service Industries，2019，29（2）：109－117.

［74］ GOLESTANI N，ABBASSI R，GARANIYA V，et al. Human reliability assessment for complex physical operations in harsh operating conditions ［J］. Process Safety and Environmental Protection，2020，140：1－13.

［75］ WU B，YIP T L，YAN X，et al. Review of techniques and challenges of human and organizational factors analysis in maritime transportation ［J］. Reliability Engineering & System Safety，2022，219：108249.

［76］ HURLEY M J，GOTTUK D T，HALL J R，et al. SFPE handbook of fire protection engineering，fifth edition ［M］. New York：Springer，2016.

［77］ XU S，TAN L，LIU J P，et al. Cause analysis of spontaneous combustion in an ammonium nitrate emulsion explosive ［J］. Journal of Loss Prevention in the Process Industries，2016，43：181－188.

［78］ KRAUSMANN E，CRUZ A M，SALZANO E. Natech Risk Assessment and Management：Reducing the Risk of Natural-Hazard Impact on Hazardous Installations ［M］. Natech Risk Assessment and Management：Reducing the Risk of Natural-Hazard Impact on Hazardous Installations，2016.

［79］ KHAN F I，ABBASI S A. Models for domino effect analysis in chemical process industries ［J］. Process Safety Progress，1998，17（2）：107－123.

［80］ KHAN F I，ABBASI S A. An assessment of the likelihood of occurrence，and the damage potential of domino effect（chain of accidents）in a typical cluster of industries ［J］. Journal of Loss Prevention in the Process Industries，2001，14（4）：283－306.

［81］ ABDOLHAMIDZADEH B，ABBASI T，RASHTCHIAN D，et al. Domino effect in process-industry accidents—An inventory of past events and identification of some patterns ［J］. Journal of Loss Prevention in the Process Industries，2011，24（5）：575－593.

［82］ ABDOLHAMIDZADEH B，RASHTCHIAN D，MORSHEDI M. Statistical survey of domino past accidents ［C］// Statistical survey of domino past accidents. 8th world congress of chemical engineering，Montreal，1－6.

第 2 章　贝叶斯网络工业园区火灾风险评估

贝叶斯网络是一种基于概率计算的定量风险评估方法，可以利用贝叶斯网络强大的概率推理和处理不确定性问题的能力，根据火灾事故的特点对火灾进行风险评估，提升工业园区火灾安全管理和预防能力。

2.1　概率图模型

概率图模型是用图来表示变量概率依赖关系的理论，结合概率论与图论的知识，利用图来表示与模型有关的变量的联合概率分布。概率图模型构建了这样一幅图，用观测节点表示观测到的数据，用隐含节点表示潜在的知识，用边来描述知识与数据的相互关系，最后基于这样的关系图得到一个概率分布，从而解决问题。

概率图中的节点分为隐含节点和观测节点，边分为有向边和无向边。从概率论的角度来看，节点对应于随机变量，边对应于随机变量的依赖或相关关系，其中有向边表示单向的依赖，无向边表示相互依赖关系。

概率图模型分为贝叶斯网络和马尔可夫网络两大类。贝叶斯网络可以用一个有向图结构表示，马尔可夫网络可以表示成一个无向图的网络结构，在机器学习的诸多场景中都有着广泛的应用。

2.2　贝叶斯定理

贝叶斯定理的思想出现在 18 世纪，但真正大规模派上用途还得等到计算机的出现。因为这个定理需要大规模的数据计算推理才能凸显效果，它在很多计算机应用领域都大有作为，如自然语言处理、机器学习、推荐系统、图像识别和博弈论等。

贝叶斯定理是关于随机事件 A 和 B 的条件概率：

$$P(A \mid B) = \frac{P(B \mid A)P(A)}{P(B)} \qquad (2-1)$$

在贝叶斯定理中，每个名词都有约定俗成的名称。$P(A)$ 是 A 的先验概率，之所以称为 "先验"，是因为它不考虑任何 B 方面的因素。$P(A \mid B)$ 是已知 B 发生后 A 的条件概率，也由于得自 B 的取值而被称作 A 的后验概率。$P(B \mid A)$ 是已知 A 发生后 B 的条件概率，也由于得自 A 的取值而被称作 B 的后验概率。$P(B)$ 是 B 的先验概率，也作为标准化常量。贝叶斯定理可表述为：后验概率＝（相似度＊先验概率）/标准化常量。比如 $P(B \mid A)/P(B)$ 有时被称作标准相似度，定理可表述为：后验概率＝标准相似度＊先验概率。

2.3　贝叶斯网络模型

贝叶斯网络（BN）也称为信度网络，由 Pearl 在 1985 年总结贝叶斯理论和有向无环图（简称 DAG）理论的基础上提出，是目前概率推理领域最有效的模型之一，已成为近十年来机器学习研究的热点。贝叶斯网络推理是基于 Bayes 概率理论，本质过程是概率计算，表达方式以条件概率和边缘概率的大小来展现原因对结果的影响程度，基础是全概率公式和贝叶斯公式。

贝叶斯网络用一个有向无环图描述多态性和对不确定性时间进行概率预测，适用于可靠性、安全性的分析。一个完整的贝叶斯网络由节点、有向连接线和条件概率表组成，节点表示随机变量，是选中对结果有影响的因素；有向连接线表示节点之间的逻辑关系，箭头指向的为子节点，箭尾为父节点；条件概率表为两节点之间的密切程度，当网络中的节点再无父节点时，条件概率显示为该节点的先验概率。

在贝叶斯网络中，如果两个变量 X 和 Y 直接相连，则表示它们之间有直接依赖关系，对 X 的了解会影响关于 Y 的信度，反之亦然。在这种意义下，信息能够在两个直接相连的节点之间传递。如果两个变量 X 和 Y 不直接相连，则信息需要通过其他变量才能在两者之间传递。如果 X 和 Y 之间的所有信息通道都被阻塞，则信息就无法在它们之间传递。这时，对其中一个变量的了解不会影响对另一个变量的信度，因而相互条件独立。如果考虑两个变量 X 和 Y 通过第三个变量 Z 间接相连这一基本情况，则可将贝叶斯网络分解成三种基本结构，如图 2-1 所示，即顺连、分连和汇连。

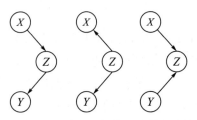

图 2-1　贝叶斯网络的三种基本结构

2.3.1　模型构建

一般情况下，构建贝叶斯网络有以下三种不同的方式：

（1）领域专家知识构建。由领域专家确定贝叶斯网络的变量（或称影响因子）节点，然后通过专家的知识来确定贝叶斯网络的结构，并指定它的分布参数。这种方式构造的贝叶斯网络完全在专家的指导下进行，但人类获得知识的有限性会导致构建的网络与实践中积累的数据具有很大的偏差。

（2）结构学习。由领域专家确定贝叶斯网络的节点，通过大量的训练数据来学习贝叶斯网络的结构和参数。这种方式完全是一种数据驱动的方法，具有很强的适应性，而且随着人工智能、数据挖掘和机器学习的不断发展，这种方法成为可能。如何从数据中学习贝叶斯网络的结构和参数，已经成为贝叶斯网络研究的热点。

（3）混合型方式。由领域专家确定贝叶斯网络的节点，通过专家的知识来指定网络的结构，而通过机器学习的方法从数据中学习网络的参数。这种方式实际上是前两种方式的结合，当领域中变量之间的关系较明显时，这种方法能大大提高学习的效率，可以在数据处理方面移除与所需构建的模型不太相关的一些变量，从而降低学习的复杂度；当训练数据量不足或存在很多错误时，所学习的贝叶斯网络结构可能与实际相差巨大，通过专家对所学习的结构进行修正，能够确保所构建的贝叶斯网络的结构是符合实际应用的。

2.3.2　贝叶斯网络结构学习

贝叶斯网络模型由图形结构和概率结构组成，通过结构学习可以得到贝叶斯网络的图形结构。BN 结构学习的主要思想是基于生成数据的样本集合，在推理所得到的若干个贝叶斯网络中选出一个最符合给定数据集逻辑、拟合效果最好的网络结构。结构学习方法有以下三种：

（1）基于约束的结构学习。将 BN 网络看作表示独立变量关系的网络模型，通过计算节点间的相互信息和条件独立性找出各个节点之间的关系来判断网络中边的存在性，最终找到一个符合独立关系的网络结构。通常采用渐进统计检验（CI）来检验独立性。这种方法的特点是基于 CI 测试均是可靠的假设，但实际得到的数据一般都会陷入 CI 测试的统计错误。当样本数据量较大时，算法复杂度将呈现为指数级；当贝叶斯网络节点个数较多时，CI 测试的次数也呈指数级增长，会出现不可靠情况。因此，基于约束的结构算法适用于节点少的贝叶斯网络。常用的基于约束的算法有 PC、MMPC、GS 等。

（2）基于搜索评分的结构学习。把所有可能的结构视为定义域，衡量特定结构好坏的标准视为评分函数，将寻找最好结构的过程看作在定义域上求评分函数的最优值问题。从算法角度来看，需确定合适的搜索策略和衡量 DAG 对数据适当性的评分函数。这种方法的特点是将结构学习问题看作优化问题，在不考虑学习效果和效率的情况下，可以利用现存的各种优化算法进行结构学习。常用的算法有 K2、爬山、BS 等。

（3）基于混合搜索的结构学习。混合搜索的结构学习结合前两者的优点，先利用统计分析学习效率高的优势来缩减网络结构空间的大小，再利用评分搜索网络结构空间，最终找到一个最优的网络结构。这种方法的特点是可以有效平衡搜索范围和搜索效果。常用的算法有 EGS、MMHC、SAR 等。

2.3.3 贝叶斯网络参数学习

贝叶斯网络参数学习是根据结构学习获得的贝叶斯结构，按照对应的规则，根据各节点事件先验概率分布，计算出贝叶斯网络各节点之间的概率。对于具有完备数据的贝叶斯网络参数学习，目前一般采用极大似然估计、贝叶斯估计、约束优化、先验均匀分布等方法。极大似然估计方法运用时需要满足数据之间相互独立的条件，其最重要的思路就是将统计分析的结果作为基础，依照数据样本与参数的似然程度来进行参数估计，一般步骤为写出似然函数、取对数并整理、求导数、解似然方程。贝叶斯估计方法同样需满足数据之间相互独立的条件，其基本思路是首先假定要估计的模型参数是服从一定分布的随机变量，根据经验给出待估参数的先验分布，关于这些先验分布的信息称为先验信息；其次根据这些先验信息，并与样本信息相结合，应用贝叶斯定理，求出待估参数的后验分布；最后应用损失函数，得出后验分布的一些特征值，并把它们作为待估参数的估计量。

对于样本数据缺失的情况，迁移学习是获取足量学习数据的有效途径。

2.3.4 火灾事故中贝叶斯网络的应用

（1）定义火灾事故和基本信息。收集基本信息、火灾事故涉及的数据信息，了解各种研究的专业知识以及其他隐性知识。

（2）火灾事故因素识别和关系的确定。弄清导致火灾事故发生的基础变量以及变量之间的复杂关系，可借助事故树模型转化为贝叶斯网络。事故树转化为贝叶斯网络的规则如下：

①事故树的事件对应网络树的节点，事故树中各时间之间的连接关系对应贝叶斯网络各节点之间的连接关系。

②事故树的事件的发生概率对应贝叶斯网络基本事件的先验概率。

③事故树的逻辑门对应贝叶斯网络各节点之间的连接强度。

（3）建立火灾事故贝叶斯网络模型。

（4）参数确定。通过已知数据得到节点事件的先验概率，再基于贝叶斯网络结构的条件概率表得到节点间的条件概率。

（5）风险分析。可通过诊断推理、敏感性分析、重要性分析得出导致火灾事故的主要因素。

（6）风险决策。根据风险分析的结果对相应的火灾事故因素做出决策，并提供积极的措施降低火灾发生的风险。

2.4　基于贝叶斯网络的工业安全生产事故风险评估

工业园区是工业化发展到一定历史阶段的产物，随着社会经济的快速发展，工业园区蓬勃兴起、迅猛发展，在国民经济中占有重要地位，极大地推动了经济发展，解决了当地就业问题。但工业园区企业较多，危险物质种类繁多，很多数量巨大的产品以及原材料堆放在工业园区中，区域内危险源密布，各企业建设周期较长，相互影响因素较多，一旦发生事故，可能会造成重大的人员伤亡和经济损失。

为了预防工业园区事故发生，须对安全生产事故进行风险评估，其结果有助于火灾安全管理，可以为防灾措施的研究提供重要参考。而贝叶斯网络作为一种模拟人类推理过程中因果关系处理不确定性的模型，可以应用于工业园区安全生产事故风险评估，利用贝叶斯网络强大的概率推理能力，开展区域内定量风险估计，分析各因素指标对事故后果的影响以及特定场景下的事故形势。

在数据来源方面，通过统计《中国消防年鉴》《中国安全生产事故志》以及化学品事故信息网、应急管理网 2000—2020 年的数据，共发生 651 起工业园区安全生产事故，风险因素共有 12 种，可将其分为 3 类：①生产或维修过程人为错误：违章操作、缺乏安全管理、缺乏操作技能、违法生产；②工业生产过程故障：工艺条件不畅、机械故障、设备故障、失控反应；③外部条件：电气线路故障、自然灾害、人为破坏、其他。工业园区火灾风险因素统计结果如表 2−1 所示。

表 2−1　工业园区火灾风险因素统计

事故原因	事故数量	占比
违章操作	129	0.1982
缺乏安全管理	89	0.1367
缺乏操作技能	50	0.0768
违法生产	21	0.0322
工艺条件不畅	111	0.1705
机械故障	67	0.1029
设备故障	75	0.1152
失控反应	32	0.0492
电气线路故障	39	0.0599

事故原因	事故数量	占比
自然灾害	15	0.0230
人为破坏	13	0.0200
其他	10	0.0154

针对上述统计的风险因素,以初始安全生产事故为后果建立的事故树模型如图2-2所示,转化的贝叶斯网络模型如图2-3所示。

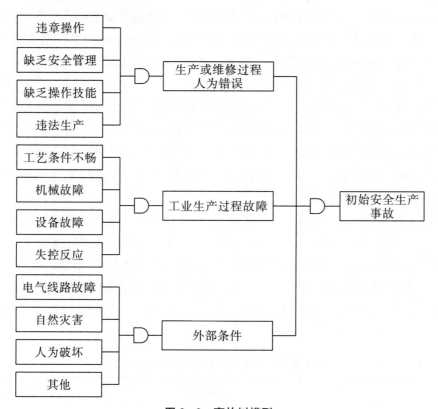

图 2-2 事故树模型

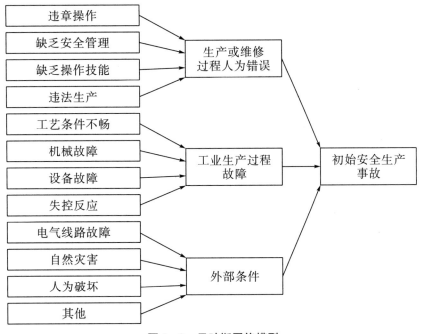

图 2－3　贝叶斯网络模型

　　根据建立的模型，基于概率计算推理估计出事故概率。根据事故原因的统计数据，可以估计出 12 个节点事件的发生概率，赋值给贝叶斯网络中的根节点，形成先验概率。要得到二级子节点的概率，需要计算在根节点影响下的条件概率。一个子节点有 2^n 个条件概率，其中 n 是该节点的父节点数。二级节点生产或维修过程人为错误、工业生产过程故障以及外部条件都各有 4 个父节点，因此每个二级节点有 16 个条件概率。三级节点初始安全生产事故有 3 个父节点，其有 8 个条件概率。为了避免数据爆炸现象和更贴合事故原因分类，采用基于子节点事件数量的权重方法计算二级节点和三级节点的条件概率。计算方法如下：

$$w_i = \frac{X_i}{\sum X} \tag{2－2}$$

式中，w_i 表示节点 N_i 的权重，X_i 表示节点 N_i 的样本事件数量，$\sum X$ 表示 N_i 节点的子节点样本事件数量。

　　违章操作、缺乏安全管理、缺乏操作技能、违法生产对生产或维修过程人为错误的权重分别为 44.64％、30.79％、17.30％、7.27％。每个节点有"是"和"否"两种状态。"是"表示该节点事件发生，"否"表示该节点事件不发生，计算方法如下：

$$P(\text{"是"}) = \sum_{1}^{n} w_i p \tag{2－3}$$

式中，$P(\text{"是"})$ 代表子节点的条件概率，P 表示系数，当节点状态为"是"时取 1，当节点状态为"否"时取 0。生产或维修过程人为错误的条件概率如表 2－2 所示。其他子节点的条件概率计算方法相同。

表 2-2　生产或维修过程人为错误的条件概率

违章操作	缺乏安全管理	缺乏操作技能	违法生产	生产或维修过程人为错误	
				是	否
是	是	是	是	1	0
是	是	是	否	0.9273	0.0727
是	是	否	是	0.827	0.173
是	是	否	否	0.7543	0.2457
是	否	是	是	0.6921	0.3079
是	否	是	否	0.6194	0.3806
是	否	否	是	0.5191	0.4809
是	否	否	否	0.4464	0.5536
否	是	是	是	0.5536	0.4464
否	是	是	否	0.4809	0.5191
否	是	否	是	0.3806	0.6194
否	是	否	否	0.3079	0.6921
否	否	是	是	0.2457	0.7543
否	否	是	否	0.173	0.827
否	否	否	是	0.0727	0.9273
否	否	否	否	0	1

根据图 2-3，借助 Genie 3.0 软件建立贝叶斯网络模型。输入先验概率和条件概率，结果如图 2-4 所示。生产或维修过程人为错误的概率为 14.62%，工业生产过程故障的概率为 12.64%，外部条件的概率为 4.02%。工业园区发生安全生产事故的概率为 12.50%。

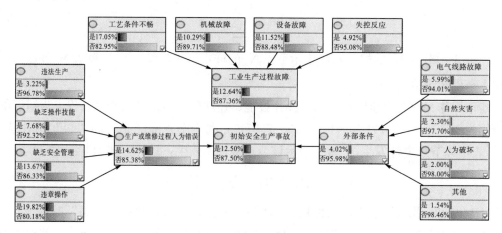

图 2-4　贝叶斯网络模型概率估计

在所有根节点事件的先验概率中，违章操作的概率最高，为 19.82%，其次是工艺条件不畅、缺乏安全管理、设备故障、机械故障，概率分别为 17.05%、13.67%、11.52%、10.29%。

诊断推理是一种反向推理方法，假设工业园区发生安全生产事故，通过推断父节点的概率来识别导致事故的主要因素。工业安全生产事故诊断推理如图 2-5 所示。违章操作的概率最高，为 45.01%，其次是工艺条件不畅、缺乏安全管理、设备故障、机械故障、缺乏操作技能，概率分别为 36.34%、26.57%、20.91%、17.89%、12.04%。生产或维修过程人为错误的概率为 58.94%，工业生产过程故障的概率为 51.33%，外部条件的概率为 7.67%。

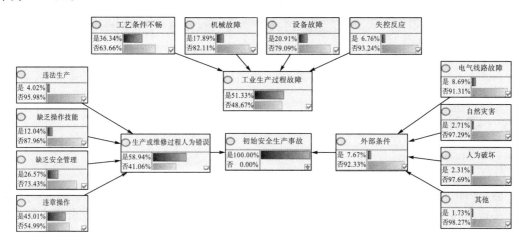

图 2-5　工业安全生产事故诊断推理

二级因素中，生产或维修过程人为错误和工业生产过程故障是导致事故发生的主要原因。基础因素中，违章操作是主要原因，其次是工艺条件不畅、缺乏安全管理、设备故障、机械故障、缺乏操作技能。

为了检验模型的准确性和稳定性，对所建立的模型进行验证。用一起事故实例来验证模型的准确性。2021 年 3 月 15 日 11 时 50 分，某石化公司顺丁二烯橡胶设备发生爆燃起火事故。事故造成 1 人死亡，5 人受伤，直接财产损失 625 万元。经调查，事故的直接原因是一名工人违章操作，间接原因是公司缺乏安全管理，导致了事故的蔓延。将模型中两个节点的发生概率设置为 100%，结果显示发生安全生产事故的概率为 40.19%，比 12.5% 提高了 3.2 倍。因此，模型具有准确性。

利用 2000—2020 年每 5 年的工业安全生产事故数据对模型的稳定性进行检验，结果如图 2-6 所示，验证概率依次为 11.16%、11.68%、12.85%、13.41%，平均误差为 6.84%，每 5 年的验证概率相对于模型概率（12.50%）具有较强的相对稳定性。该模型可用于工业园区内安全生产事故风险评估。

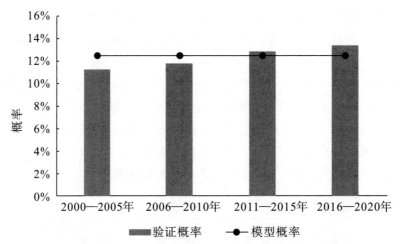

图 2—6　基于每 5 年事故数据的模型概率和验证概率

2.5　贝叶斯网络的优点

通过提供图形化的方法来表示和运算概率，贝叶斯网络克服了基于规则的系统所具有的许多概念和计算上的困难。贝叶斯网络与统计技术相结合，使得其在数据分析方面具有许多优点。与规划挖掘、决策树、人工神经网络、密度估计、分类、回归和聚类等方法相比，贝叶斯网络的优点主要体现在以下四个方面：

（1）贝叶斯网络使用图形的方法描述数据间的相互关系，语义清晰，易于理解。图形化的知识表示方法使得保持概率知识库的一致性和完整性变得容易，可以方便地针对条件的改变进行网络模块的重新配置。

（2）贝叶斯网络易于处理不完备数据集。对于传统标准的监督学习算法而言，必须知道所有可能的数据输入，如果缺少其中的某一输入，则建立的模型会产生偏差，贝叶斯网络反映的是整个数据库中数据间的概率关系模型，缺少某一数据变量仍然可以建立精确的模型。

（3）贝叶斯网络允许学习变量间的因果关系。在以往的数据分析中，一个问题的因果关系在干扰较多时，系统就无法做出精确的预测，而这种因果关系已经包含在贝叶斯网络模型中。贝叶斯网络具有因果和概率性语义，可以用来学习数据中的因果关系，并根据因果关系进行学习。

（4）贝叶斯网络与贝叶斯统计相结合能够充分利用领域知识和样本数据的信息。贝叶斯网络用弧表示变量间的依赖关系，用概率分布表表示依赖关系的强弱，将先验信息与样本知识有机结合起来，促进了先验知识和数据的集成，这在样本数据稀疏或数据较难获得时特别有效。

参考文献

［1］ 曹杰. 贝叶斯网络结构学习与应用研究［D］. 合肥：中国科学技术大学，2017.

［2］ 李沛然，刘琨，张育，等. 基于动态约束模型的贝叶斯网络结构优化算法［J］. 海南大学学报（自然科学版），2021，39（2）：132－140.

［3］ 吕志刚，李叶，王洪喜，等. 贝叶斯网络的结构学习综述［J］. 西安工业大学学报，2021，41（1）：1－17.

［4］ 张秀玲，卢颖，姜学鹏，等. 工业园中小企业火灾风险评估与调查研究［J］. 消防科学与技术，2019，38（2）：202－207.

［5］ 杨世全，黄晓家，谢水波，等. 基于贝叶斯网络的商场火灾概率估算研究［J］. 消防科学与技术，2020，39（10）：1380－1383.

［6］ 张宪富. 化工园区典型事故演化规律及情景推演研究［D］. 青岛：中国石油大学（华东），2017.

［7］ 董大旻，李凯豪，张广利. 基于贝叶斯网络的公众聚集场所火灾风险分析［J］. 消防科学与技术，2018，37（4）：545－548.

［8］ 郑峰，张明广，左亚雯. 基于动态贝叶斯网络的化工装置区多米诺事故情景构建［J］. 南京工业大学学报（自然科学版），2019，41（5）：554－560.

［9］ KHAKZAD N，LANDUCCI G，RENIERS G. Application of dynamic Bayesian network to performance assessment of fire protection systems during domino effects［J］. Reliability Engineering & System Safety，2017，167：232－247.

［10］ SEVINC V，KUCUK O，GOLTAS M. A Bayesian network model for prediction and analysis of possible forest fire causes［J］. Forest Ecology and Management，2020，457：117723.

［11］ JIANG S Y，CHEN G M，ZHU Y，et al. Real-time risk assessment of explosion on offshore platform using Bayesian network and CFD［J］. Journal of Loss Prevention in the Process Industries，2021，72：104518.

［12］ JAFARI M J，POUYAKIAN M，KHANTEYMOORI A，et al. Reliability evaluation of fire alarm systems using dynamic Bayesian networks and fuzzy fault tree analysis［J］. Journal of Loss Prevention in the Process Industries，2020，67：104229.

第 3 章　Petri 网工业园区火灾风险评估

3.1　Petri 网的基本理论

Petri 网是动态系统的静态描述，具有简洁、直观、潜在模拟能力强等特点，被广泛应用于事件系统的模拟和分析中。Petri 网能够完成诸如系统的形式描述、系统的性能评价、系统的正确性验证、系统的目标实现和测试等各项功能。同时，除了作为一种可视化图形工具，由于 Petri 网中标识了在库所和变迁之间的移动，所以也可以模拟系统的动态活动。因此，Petri 网是一个集多种功能为一体的高效数学工具。

3.1.1　Petri 网的定义

定义 1：Petri 网（Petri Net）

定义一个三元组 $N = (P, T; F)$，其中：

$P = \{p_1, p_2, \cdots, p_n\}, n > 0$，为一个库所的有限集合；

$T = \{t_1, t_2, \cdots, t_m\}, m > 0$，为一个变迁的有限集合；

$F = (P \times T) \cup (T \times P)$，表示有向弧的集合。

且满足：

$P \cap T = \varnothing, P \cup T \neq \varnothing$；

$dom(F) \cup cod(F) = P \cup T$；

$dom(F) = \{x \mid \exists y : (x, y) \in F\}, cod(F) = \{x \mid \exists y : (y, x) \in F\}$。

则称该三元组为一个 Petri 网。该三元组定义了一个网状关系，即确定了有限的库所和变迁，规定了库所和变迁的二元性，保证了网中不存在孤立元素，同时将库所和变迁用有向弧联系起来。

定义 2：前集（Pre-set）和后集（Post-set）

若 $N = (P, T; F)$ 是一个 Petri 网，对于 $\forall x \in (P \cup T)$，定义 $\cdot x = \{y \mid (y, x) \in F\}, x^{\cdot} = \{y \mid (x, y) \in F\}$。

定义 3：Petri 网系统

定义一个四元组 $\psi=(N,M_0)$ 为一个 Petri 网系统，其中：

$N=(P,T;F)$ 是一个 Petri 网；

$M_0:P\rightarrow N$ 是该系统的初始标识向量，其第 i 个元素表示第 i 个库所中标识的数目，库所所能容纳的标识数量上限称为库所容量。

定义 4：变迁的使能（enabled）

定义一个 Petri 网系统 $\psi=(P,T;F,M_0)$，对于变迁 $t\in T$，当且仅当 $\forall p_i\in\,^{\cdot}t$ 时，$M(p_i)\geqslant 1$，则变迁 t 在 M 下被使能，记作 $M[t>$。当变迁 t 在 M 下被使能并执行后，产生了一个新的标识 M'，M' 由以下公式得到：

$$M'(p)=\begin{cases}M(p)+1,&p\in t^{\cdot}\\M(p)-1,&p\in\,^{\cdot}t\\M(p),&\text{其他}\end{cases} \tag{3-1}$$

记为 $M[t>M'$，M' 称为 M 的后继标识。

定义 5：可达标识集（The set of reachable markings）

若 $N=(P,T;F)$ 是一个 Petri 网，该 Petri 网 $\psi=(N,M_0)$ 的可达标识集 $\forall M\in(N,M_0)$ 定义如下：

$M_0\in R(N,M_0)$；

$\forall M\in R(N,M_0)$，若存在 $t\in T$，能使 $M[t>M'$，则 $M'\in R(N,M_0)$。

定义 6：关联矩阵

若 $N=(P,T;F)$ 是一个 Petri 网，其中 $|P|=n$，$|T|=m$，定义：

$\boldsymbol{I}\subseteq P\times T\rightarrow\{0,1\}$，为一个 $n\times m$ 的矩阵，$\boldsymbol{I}=(\theta_{ij})$，当 p_i 与 t_j 之间存在输入弧时，$\theta_{ij}=1$；否则，$\theta_{ij}=0$。

$\boldsymbol{O}\subseteq T\times P\rightarrow\{0,1\}$，为一个 $n\times m$ 的矩阵，$\boldsymbol{O}=(\xi_{ij})$，当 t_j 与 p_i 之间存在输出弧时，$\xi_{ij}=1$；否则，$\xi_{ij}=0$。

关联矩阵 $\boldsymbol{C}=(\boldsymbol{O}-\boldsymbol{I})_{n\times m}$，且满足：

$$C_{ij}=\begin{cases}1,&p_i\in t_j^{\cdot}\\-1,&p_i\in\,^{\cdot}t_j\\0,&\text{其他}\end{cases} \tag{3-2}$$

定义 7：加权 Petri 网相关

定义一个 Petri 网系统 $\psi=(N,M_0,W)$，其中：

$W:F\rightarrow\boldsymbol{R}^+$ 为弧函数，表示有向弧的输入输出权重，$\boldsymbol{R}^+$ 为正实数集，图中不特殊标记时默认权重为 1。

当任意库所容量为 1 且有向弧的权重也为 1 时，每个库所中只可能有零个或一个令牌，这样的库所称为条件，变迁称为事件，故这种系统又称为条件/事件系统（C/E system）。

当库所容量和弧权重为大于等于 1 的任意整数时，这种 Petri 网称为库所/变迁网，简

工业园区火灾评估及防控信息化技术

称 P/T 网。

当库所容量为 1，但弧权重不全为 1 时，这种 Petri 网称为加权 Petri 网。

3.1.2 Petri 网举例

定义一个 Petri 网 $N = (P, T; F)$，结构如图 3-1 所示，则

$P = \{p_1, p_2, p_3, p_4\}$ 为网中的库所的集合；

$T = \{t_1, t_2\}$ 为变迁的集合；

$F = \{(p_1, t_1), (p_2, t_1), (p_2, t_2), (p_3, t_2), (t_1, p_3), (t_2, p_4)\}$ 为有向弧的集合。

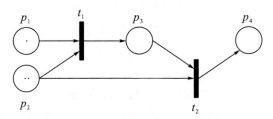

图 3-1 一个典型的 Petri 网

若 p_1 处有一个初始标识，p_2 处有两个初始标识，则记 $\boldsymbol{M}_0 = (1, 2, 0, 0)$ 为初始标识向量，该网可以称为一个 Petri 网系统。由于标识 $\boldsymbol{M}_0(p_1) \geqslant 1$ 且 $\boldsymbol{M}_0(p_2) \geqslant 1$，故变迁 t_1 被使能，t_1 被执行后产生了一个新的标识 $\boldsymbol{M}_1 = (0, 1, 1, 0)$。同理，变迁 t_2 被使能，执行后产生了一个新的标识 $\boldsymbol{M}_2 = (0, 0, 0, 1)$，系统运行结束。

该系统的可达标识集 $R(N, \boldsymbol{M}_0) = \{\boldsymbol{M}_0, \boldsymbol{M}_1, \boldsymbol{M}_2\}$，输入矩阵、输出矩阵、关联矩阵分别为

$$\boldsymbol{I} = \begin{bmatrix} 1 & 1 & 0 & 0 \\ 0 & 1 & 1 & 0 \end{bmatrix}^{\mathrm{T}}, \boldsymbol{O} = \begin{bmatrix} 0 & 0 & 1 & 0 \\ 0 & 0 & 0 & 1 \end{bmatrix}^{\mathrm{T}}, \boldsymbol{M} = \begin{bmatrix} -1 & -1 & 1 & 0 \\ 0 & -1 & -1 & 1 \end{bmatrix}^{\mathrm{T}}$$

3.1.3 高级 Petri 网

尽管经典 Petri 网能够完成相当多的工作，但它也有一定的局限，例如，没有测试库所中零令牌的能力，模型容易变得很庞大，模型不能反映时间方面的内容，不支持构造大规模模型，等等。为了解决经典 Petri 网中的问题，学者们研究出了高级 Petri 网。由于高级网种类繁多，且各自的应用方法不同，故在此仅列出各高级网的基本定义，有兴趣的读者可以参考文献深入了解。

3.1.3.1 着色 Petri 网

一个标识通常代表着一个对象，该对象有着需要在系统中表示出来的具体特征，如一个标识代表一个对应门锁的钥匙，只有钥匙的形状跟锁孔对应上了才能开门。

42

　　定义 1：着色 Petri 网是一个五元组：$CPN = (P,T;F,C,M)$，其中，C 表示颜色集，为相应库所赋予的颜色，即不同的特征。一个标识是一组 (p,c)，其中，$p \in P$ 且 $c \in C$。

　　定义 2：如果一个变迁的所有输入库所都具有其输入弧所确定的多重颜色集，则该变迁被使能，标识的变化规则同经典 Petri 网。

3.1.3.2　时间 Petri 网

　　为了进行某些特定的分析，需要系统中存在时间的流动，因此，对每个标识赋予时间戳，只有在满足了时间条件的情况下变迁才能被使能和发生，变迁决定生产出的标识的延迟。

　　定义 3：时间 Petri 网是一个五元组：$TPN = (P,T;F,\tau_t,M)$，其中，τ_t 为变迁 T 的时间集，为相应的变迁赋予时间值。

　　定义 4：一个变迁能够发生当且仅当其时间变量满足设定的或抽样的时间变量（全局时间或被使能后经过的时间）。

3.1.3.3　模糊 Petri 网

　　定义 5：模糊 Petri 网是一个九元组：$FPN = (P,T,D,F,\alpha,\beta,\Lambda,U,M)$，其中：

$P = \{p_1,p_2,\cdots,p_n\}, n > 0$，为一个库所的有限集合；

$T = \{t_1,t_2,\cdots,t_m\}, m > 0$，为一个变迁的有限集合；

$D = \{d_1,d_2,\cdots,d_n\}, n > 0$，为命题的有限集合，且 $|P| = |D|$，$P \cap T \cap D = \varnothing$；

$\alpha: P \rightarrow [0,1]$ 表示库所 p_i 对应命题 d_i 的可信度；

$\beta: P \rightarrow D$，为库所 p_i 到其命题 d_i 的映射关系；

$U: T \rightarrow [0,1]$，μ_j 为变迁 t_j 对应的推理规则的置信度（CF），$\mu = \{\mu_1,\mu_2,\cdots,\mu_m\}^{\mathrm{T}}$；

$\Lambda: T \rightarrow [0,1]$，$\lambda_j$ 为变迁 t_j 发生的阈值。

　　定义 6：模糊产生式规则。

　　规则 1：IF d_t THEN d_k $(CF = \mu)$；λ

　　其中，d_t 为前提命题，d_k 为结果命题，命题的可信度为 $\alpha(p_i)$，规则的置信度为 μ，λ 为变迁发生的阈值。当 $\alpha(p_i) > \lambda$ 时，变迁被使能，前提命题的可信度不发生变化，$\alpha(p_i)\mu$ 表示命题 d_k 的可信度。

　　规则 2：IF d_1 and d_2 and $\cdots$ and d_n THEN d_k $(CF = \mu)$；λ

　　当 $\sum\limits_{i=1}^{n}\alpha(p_i) > \lambda$ 时，变迁被使能，前提命题的可信度不发生变化，$\sum\limits_{i=1}^{n}\alpha(p_i)\mu$ 表示命题 d_k 的可信度。

　　规则 3：IF d_1 or d_2 or $\cdots$ or d_n THEN d_o $(CF_1 = \mu_1, CF_2 = \mu_2, \cdots, CF_n = \mu_n)$；$\lambda_1$，$\lambda_2,\cdots,\lambda_n$

　　当 $\alpha(p_i) > \lambda_i$ 时，变迁被使能，前提命题的可信度不发生变化，$\max\{\alpha(p_i)\mu\}$ 表示命题 d_k 的可信度。

3.1.3.4　随机 Petri 网

定义 7：随机 Petri 网是一个五元组：$SPN = (P,T;F,\Lambda,M_0)$，其中，$\Lambda = \{\lambda_1, \lambda_2,\cdots,\lambda_n\}$ 为变迁 $t_i \in T$ 的平均实施速率，其值是根据系统的实际测量获得的。

定义 8：在连续时间随机 Petri 网中，一个变迁 t 从具备使能条件到发生需要延时，即从一个变迁 t 具备使能条件的时刻到 t 实施的时刻是一个连续随机变量 x_i（正值），该连续随机变量 x_i 服从以下分布函数：

$$F_t(x) = P\{x_i \leqslant x\} \tag{3-3}$$

将变迁 t 的分布函数 $F_t(x)$ 定义为一个指数分布函数：

$$\forall t \in T, \quad F_t = 1 - \mathrm{e}^{-\lambda_i x} \tag{3-4}$$

由变迁实施速率 λ 的指数分布存在的无记忆性以及标识 M 集合的有限性，可以看出一个随机 Petri 网与一个连续时间的马尔科夫链具有同构特性，可以通过马尔科夫随机过程求解。

3.1.3.5　层次 Petri 网

层次 Petri 网是由经典 Petri 网衍生而成的，以一个子 Petri 网作为变迁或库所的分层网。层次 Petri 网对模型进行了分层，能够有效降低模型的复杂度。

3.2　基于 Petri 网的火灾风险评价

3.2.1　火灾风险评价基本假设

对于一般建筑物中火灾风险的评价有以下基本假设：

(1) 建筑物的使用人员会出现错误行为。这些行为是事故性火灾发生所必需的条件。

(2) 建筑物内所使用的各类设施会随机失效。这些失效条件是火灾发生所必需的条件。

(3) 建筑物使用人员的错误行为和建筑物内所使用的各类设施发生随机失效的分布情况是可知的，但不精确。

(4) 建筑物使用人员错误行为的出现概率可以降低，建筑物内所使用的各类设施的安全性能可以得到改进，但不可能达到完美程度。

(5) 火灾过程的实际特性是可以确定的。

3.2.2　火灾风险评价模型的构建

基于评估目标、评估标准以及防火安全性能指标的框架，实施以下建模步骤：

（1）确定火灾风险的评价指标。

（2）确定 Petri 网模型。定义 P 和 T 中各元素的含义，定义位置元素 P、变迁元素 T 的含义，确定有关位置及变迁的相关参数等。

（3）确定网络的容量函数和弧的权重。

（4）综合各评价指标，得到整个火灾风险评价系统的 Petri 网模型。

3.3　基于模糊 Petri 网的某醋酸公司厂区安全评估案例

3.3.1　模糊推导必要公式定义

定义模糊 Petri 网为一个 11 元组：$FPN = (P,T,D,\boldsymbol{I},\boldsymbol{O},\alpha,\beta,\Lambda,U,M,W)$，其中：

$P = \{p_1,p_2,\cdots,p_n\},n>0$，为一个库所的有限集合；

$T = \{t_1,t_2,\cdots,t_m\},m>0$，为一个变迁的有限集合；

$D = \{d_1,d_2,\cdots,d_n\},n>0$，为命题的有限集合，且 $|P|=|D|$，$P \cap T \cap D = \varnothing$；

$\boldsymbol{I}:P \times T \to \{0,1\}$，为一个 $n \times m$ 矩阵，$\boldsymbol{I}=(\theta_{ij})$，当 p_i 与 t_j 之间存在输入弧时，$\theta_{ij}=1$，否则，$\theta_{ij}=0$；

$\boldsymbol{O}:T \times P \to \{0,1\}$，同样为一个 $n \times m$ 矩阵，$\boldsymbol{O}=(\xi_{ij})$，当 t_j 与 p_i 之间存在输出弧时，$\xi_{ij}=1$，否则，$\xi_{ij}=0$；

$\alpha:P \to [0,1]$，$\alpha(p_i)$ 表示库所 p_i 对应命题 d_i 的可信度；

$\beta:P \to D$，为库所 p_i 到其命题 d_i 的映射关系；

$U:\boldsymbol{O} \to [0,1]$，$\mu_j$ 为变迁 t_j 对应的推理规则的置信度（CF）；

$\Lambda:\boldsymbol{O} \to [0,1]$，$\lambda_j$ 为变迁 t_j 发生的阈值；

$M = (\alpha(p_1),\alpha(p_2),\cdots,\alpha(p_n))^{\mathrm{T}}$，是模糊 Petri 网的标识向量，其每个位置的值为库所 p_i 相应命题 d_i 的可信度，初始标识用 $\boldsymbol{M}_0$ 表示。

$W = (w_{ij})$ 为变迁所对应规则的输入权值矩阵，反映前提命题对结论的支持程度。该值可以由专家给出，也可以随命题的可信度动态改变。

本次案例中权值参数取值由下式确定：

$$\begin{cases} w_{ij} = \dfrac{\theta_{ij}\alpha(p_i)}{\sum\limits_{i=1}^{n}\theta_{ij}\alpha(p_i)}, & \theta_{ij} \neq 0 \text{ 且} \sum\limits_{i=1}^{n}\theta_{ij}\alpha(p_i) \neq 0 \\[4mm] w_{ij} = 0, & \theta_{ij} = 0 \text{ 或} \sum\limits_{i=1}^{n}\theta_{ij}\alpha(p_i) = 0 \end{cases} \tag{3-5}$$

本次案例中所用到的模糊式推理规则如下：

IF d_1 and d_2 and $\cdots$ and d_n THEN $d_k(CF = \mu)$；$w_1,w_2,\cdots,w_n$；λ

其中，d_i 为前提命题，d_k 为结果命题，命题的可信度为 $\alpha(p_i)$，规则的置信度（CF）为 μ，λ 表示变迁发生的阈值，w 为前提命题的权重，且 $\sum\limits_{i=1}^{n}w_i = 1$。当 $\sum\limits_{i=1}^{n}\alpha(p_i)w_i > \lambda$ 时，变迁被使能，前提命题的可信度不发生变化，$(\sum\limits_{i=1}^{n}\alpha(p_i)w_i)\mu$ 表示命题 d_k 的可信度。

利用矩阵推理算法对 Petri 网模型进行推理。矩阵推理算法除常规的矩阵运算外，还有以下两种运算方法：

乘法算子 $\otimes$：$\boldsymbol{C} = \boldsymbol{A} \otimes \boldsymbol{B}$，则 $c_{ij} = \max\limits_{1 \leqslant k \leqslant p}\{a_{ik},b_{kj}\}$，其中 $\boldsymbol{A}$，$\boldsymbol{B}$，$\boldsymbol{C}$ 分别为 $n \times p$，$p \times m$，$n \times m$ 矩阵。

比较算子 Θ：$\boldsymbol{C} = \boldsymbol{A}\Theta\boldsymbol{B}$，则 $c_{ij} = \begin{cases} a_{ij}, & a_{ij} \geqslant b_{ij} \\ 0, & a_{ij} < b_{ij} \end{cases}$，其中 $\boldsymbol{A}$，$\boldsymbol{B}$，$\boldsymbol{C}$ 均为 $n \times m$ 矩阵。

矩阵推理算法如下：

步骤 1：初始化算法的各输入矩阵与向量。

初始化权重输入矩阵为 $\boldsymbol{W}_0$，矩阵元素 w_{ij} 的取值按式（3-5）计算得到；可信度输出矩阵为 $\boldsymbol{Z}$，元素 $z_{ij} = \xi_{ij}\mu_j$；变迁阈值向量为 $\boldsymbol{\lambda}$，初始标识向量 $\boldsymbol{M}_0 = (\alpha_0(p_1),\alpha_0(p_2),\cdots,\alpha_0(p_n))^{\mathrm{T}}$。设 k 为推理次数，令 $k = 0$。

步骤 2：计算每个变迁的等效输入可信度。

$$\boldsymbol{E}^{k+1} = \boldsymbol{W}_k^{\mathrm{T}}\boldsymbol{M}_k \tag{3-6}$$

式中，$\boldsymbol{E}^{k+1} = (e_1,e_2,\cdots,e_m)^{\mathrm{T}}$ 中的元素 e_j 为某一变迁 t_j 的所有模糊输入按它们的可信度和权系数等效而成的权值为 1 的模糊输入可信度，其值为对应第 j 列的 $\sum\limits_{i=1}^{n}\alpha_k(p_i)w_i$，$\boldsymbol{W}_k$ 为 $m \times n$ 矩阵，$\boldsymbol{M}_k$ 为 n 维列向量，$\boldsymbol{E}^{k+1}$ 为 m 维列向量。

步骤 3：将等效输入可信度与变迁阈值相比较，清除可信度小于变迁阈值的等效输入。

$$\boldsymbol{G}^{k+1} = \boldsymbol{E}^{k+1}\Theta\boldsymbol{\lambda} \tag{3-7}$$

式中，$\boldsymbol{G}^{k+1}$ 为只包含可激活变迁的等效输入可信度向量，$\boldsymbol{G}^{k+1}$，$\boldsymbol{E}^{k+1}$，$\boldsymbol{\lambda}$ 均为 m 维列向量。

步骤 4：计算激活变迁的输出库所可信度。

$$\boldsymbol{M}^{k+1} = \boldsymbol{Z} \otimes \boldsymbol{G}^{k+1} \tag{3-8}$$

式中，$\boldsymbol{M}^{k+1}$ 为输出库所的可信度向量，是 n 维列向量，$\boldsymbol{Z}$ 为置信度矩阵，是 $n \times m$ 矩阵。

步骤 5：根据得到的输出库所可信度更新所有库所的可信度。

$$M_{k+1} = M_0 + M^{k+1} \qquad (3-9)$$

式中，M_{k+1} 表示经过 $k+1$ 次推理后得到的所有命题的可信度。

步骤 6：根据 M_{k+1} 更新权重输入矩阵 W_{k+1}，令 $k = k+1$，重复步骤 2～5，直到 $M_k = M_{k+1}$，即所有命题可信度均不再发生变化，则推理结束。

3.3.2　风险评价模型构建

该公司是一家以生产、销售醋酸纤维素为主的公司，现有员工 370 余人，拥有各类高中级技术研发人员 38 人，现有 5000 t/a 高性能电子薄膜塑料生产线、7500 t/a 新型纤维材料生产线、5000 t/a 二醋酸纤维素生产线（上述生产线配套建有 60000 t/a 醋酸酐生产线）。

首先，对该公司厂区进行危险源辨识，可能导致火灾出现的隐患如下：

（1）生产设备及其附属设施的可靠性。

（2）生产工艺的可靠性。

（3）生产人员的安全意识。

（4）检修过程的安全性。

（5）储存容器及附属仪器的可靠性。

（6）原料供应的稳定性。

其次，对每种可能的隐患施加保护层，结果如下：

（1）设备安全保护设施。

（2）安全管理情况。

（3）配电供气供料设施。

（4）安全检查及隐患排查。

（5）人员主动察觉火灾风险。

（6）监测报警设施。

（7）人员主动灭火。

（8）自动灭火系统。

（9）应急预案体系。

最后，将火灾形成的过程划分为出现火灾风险、出现小型火情、火情蔓延和火灾形成四个阶段。

根据火灾形成的过程以及上述条件建立模糊 Petri 网模型，如图 3-2 所示。

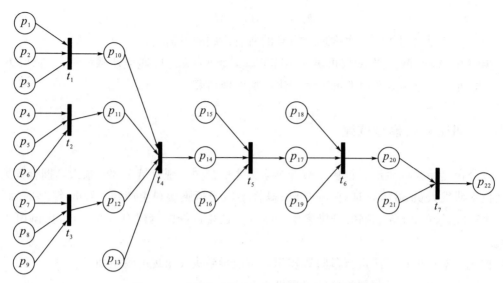

图 3-2　对某公司风险评估的模糊 Petri 网模型

该模型中，各库所表示的含义如下：

p_1：生产设备及其附属设施的可靠性；

p_2：生产工艺的可靠性；

p_3：设备安全保护设施；

p_4：生产人员的安全意识；

p_5：检修过程的安全性；

p_6：安全管理情况；

p_7：储存容器及附属仪器的可靠性；

p_8：原料供应的稳定性；

p_9：配电供气供料设施；

p_{10}：设备故障隐患；

p_{11}：人为错误隐患；

p_{12}：供应和储存错误隐患；

p_{13}：安全检查及隐患排查；

p_{14}：出现火灾风险；

p_{15}：人员主动察觉火灾风险；

p_{16}：监测报警设施；

p_{17}：小型、局部火情出现；

p_{18}：人员主动灭火；

p_{19}：自动灭火系统；

p_{20}：火情蔓延；

p_{21}：应急预案体系；

p_{22}：火灾形成。

库所 p_i 表示影响火灾进程的关键要素或火灾发展阶段，库所对应的命题 d_i 表示关键要素的状态，命题 d_i 的可信度 $\alpha(p_i)$ 表示不同状态对应的评估值，变迁 t_j 表示事件的发展，变迁 t_j 的置信度 μ_j 表示事件进一步发展的可能性。

为了实现对安全状态的评判，首先需要建立评语集，即各种可能的安全状态的集合 $V=\{V_1,V_2,\cdots,V_n\}$。将关键要素的安全状态分为 4 级，$V=\{V_1,V_2,V_3,V_4\}$，分别对应安全、警戒、危险、极度危险 4 个状态，其对应的数值范围如表 3-1 所示，数值越大，对应要素的状态越差。因为绝对安全属于理想状态，现实中并不存在，所以 $\alpha(p_i)\neq0$，$\alpha(p_i)\in(0,1]$。假设库所 p_1 的状态评估值为 0.75，即处于危险状态，则表示厂房中部分生产设备存在安全隐患，导致起火的概率较大，亟须对设备进行维修或更换。

表 3-1　安全评估评语集

安全状态等级	安全	警戒	危险	极度危险
数值范围	(0, 0.6)	[0.6, 0.75)	[0.75, 0.9)	[0.9, 1]

3.3.3　风险评估推理计算

根据模型得到 Petri 网的输入矩阵 I、输出矩阵 O 分别为

$$I=\begin{bmatrix}1&0&0&0&0&0&0\\1&0&0&0&0&0&0\\1&0&0&0&0&0&0\\0&1&0&0&0&0&0\\0&1&0&0&0&0&0\\0&1&0&0&0&0&0\\\vdots&\vdots&\vdots&\vdots&\vdots&\vdots&\vdots\\0&0&0&0&0&0&1\\0&0&0&0&0&0&1\\0&0&0&0&0&0&0\end{bmatrix}\begin{matrix}p_1\\p_2\\p_3\\p_4\\p_5\\p_6\\\vdots\\p_{20}\\p_{21}\\p_{22}\end{matrix}$$

$$\boldsymbol{O} = \begin{bmatrix} 0 & 0 & 0 & 0 & 0 & 0 & 0 \\ 0 & 0 & 0 & 0 & 0 & 0 & 0 \\ \vdots & \vdots & \vdots & \vdots & \vdots & \vdots & \vdots \\ 0 & 0 & 0 & 0 & 0 & 0 & 0 \\ 0 & 0 & 0 & 0 & 1 & 0 & 0 \\ 0 & 0 & 0 & 0 & 0 & 0 & 0 \\ 0 & 0 & 0 & 0 & 0 & 0 & 0 \\ 0 & 0 & 0 & 0 & 0 & 1 & 0 \\ 0 & 0 & 0 & 0 & 0 & 0 & 0 \\ 0 & 0 & 0 & 0 & 0 & 0 & 1 \end{bmatrix} \begin{matrix} p_1 \\ p_2 \\ \vdots \\ p_{16} \\ p_{17} \\ p_{18} \\ p_{19} \\ p_{20} \\ p_{21} \\ p_{22} \end{matrix}$$

根据厂区安全报告，对每个起始库所的状态进行评分，如表 3-2 所示。

表 3-2　起始库所状态值

p_i	1	2	3	4	5	6	7	8
$\alpha(p_i)$	0.65	0.35	0.3	0.75	0.65	0.3	0.5	0.4
p_i	9	13	15	16	18	19	21	
$\alpha(p_i)$	0.6	0.8	0.3	0.5	0.7	0.4	0.5	

其余中间过程库所初始状态值为 0，因此可以得到 $\boldsymbol{M}_0 = (0.65, 0.35, 0.3, 0.75,$ $0.65, 0.3, 0.5, 0.4, 0.6, 0, 0, 0, 0.8, 0, 0.3, 0.5, 0, 0.7, 0.4, 0, 0.5, 0)^{\mathrm{T}}$。

根据式（3-5）计算出目前的权系数矩阵 $\boldsymbol{W}_0$ 的非零项值，如表 3-3 所示。

表 3-3　权系数矩阵 $\boldsymbol{W}_0$ 的非零项值

w_{ij}	w_{11}	w_{21}	w_{31}	w_{42}	w_{52}	w_{62}	w_{73}	w_{83}
权值	0.50	0.27	0.23	0.44	0.38	0.18	0.33	0.27
w_{ij}	w_{93}	$w_{13,4}$	$w_{15,5}$	$w_{16,5}$	$w_{18,6}$	$w_{19,6}$	$w_{21,7}$	
权值	0.40	1.00	0.38	0.62	0.64	0.36	1.00	

注：i 为权矩阵行标，j 为权矩阵列标。

为便于计算，设定各变迁的发生阈值都为 0，即 $\lambda = 0$；设定变迁发生的置信度为 0.95，即置信度矩阵 $\boldsymbol{Z}$ 的非零元素值如表 3-4 所示。

表 3-4　置信度矩阵的非零元素值

μ_{ij}	$\mu_{10,1}$	$\mu_{11,2}$	$\mu_{12,3}$	$\mu_{14,4}$	$\mu_{17,5}$	$\mu_{20,6}$	$\mu_{22,7}$
置信度	0.95	0.95	0.95	0.95	0.95	0.95	0.95

由式（3-6）计算每个变迁的等效输入可信度，得到 $\boldsymbol{E}^1 = (0.49, 0.63, 0.51, 0.8,$ $0.43, 0.59, 0.5)$。

根据式（3-7），清除所有小于变迁阈值的等效输入，由于设定的变迁发生阈值为 0，故此时 $\boldsymbol{G}^1 = \boldsymbol{E}^1$。

根据式（3-8）计算激活变迁的输出库所可信度，得到 $\boldsymbol{M}^1 = (0,0,0,0,0,0,0,0,0,0,$
$0.46,0.6,0.49,0,0.76,0,0,0.4,0,0,0.56,0,0.47)^{\mathrm{T}}$。

根据式（3-9），更新所有库所的可信度，$\boldsymbol{M}_1 = \boldsymbol{M}_0 + \boldsymbol{M}^1 = (0.65,0.35,0.3,0.75,$
$0.65,0.3,0.5,0.4,0.6,0.46,0.6,0.49,0.8,0.76,0.3,0.5,0.4,0.7,0.4,0.56,0.5,$
$0.47)^{\mathrm{T}}$。

重复以上步骤，直到 $k = 5$ 时，继续推理可信度矩阵也不再变化，于是 $\boldsymbol{M}_5$ 即为最终推理结果，$\boldsymbol{M}_5 = (0.65,0.35,0.3,0.75,0.65,0.3,0.5,0.4,0.6,0.46,0.6,0.49,0.8,$
$0.59,0.3,0.5,0.47,0.7,0.4,0.53,0.5,0.49)^{\mathrm{T}}$。

查看火灾发展阶段所对应的库所状态，p_{14} 对应的状态值为 0.59，p_{17} 对应的状态值为 0.47，p_{20} 对应的状态值为 0.53，p_{22} 对应的状态值为 0.49。查看状态值对应的安全状态等级，火灾各阶段均处于安全范围内，故火灾风险评价为安全。

参考文献

［1］焦莉. 关于 Petri 网活性的研究［D］. 北京：中国科学院数学与系统科学研究所，2001.

［2］褚鹏宇，刘澜，尹俊淞. 基于动态变权模糊 Petri 网的地铁火灾风险评估［J］. 安全与环境学报，2016，16（6）：39-44.

［3］尚甜. 基于蚁群优化模糊 Petri 网的室内防火算法［J］. 消防科学与技术，2018，37（7）：1004-1007.

［4］李子成. 基于 Petri 网的工业火灾应急响应行动建模与性能分析［D］. 广州：广东工业大学，2019.

［5］LI W J, HE M, SUN Y B, et al. A novel layered fuzzy Petri nets modelling and reasoning method for process equipment failure risk assessment［J］. Journal of loss prevention in the process industries，62（2019）103953.

［6］YANG R C, KHAN F, MOHAMMED T, et al. A time-dependent probabilistic model for fire accident analysis［J］. Fire safety journal：An international journal devoted to research on fire safety science and engineering，111（2020）102891.

［7］ZHOU J F, RENIERS G, ZHANG L B. Petri-net based attack time analysis in the context of chemical process security［J］. Computers & Chemical Engineering：An International Journal of Computer Applications in Chemical Engineering，130（2019）106546.

［8］LI W J, CAO Q G, HE M, et al. Industrial non-routine operation process risk assessment using job safety analysis（JSA）and a revised Petri net［J］. Transactions of the Institution of Chemical Engineers，Process Safety and Environmental Protection，Part B，2018，117：533-538.

［9］ZHOU J F, RENIERS G. Modeling and application of risk assessment considering veto factors using fuzzy Petri nets［J］. Journal of loss prevention in the process industries，2020，67.

［10］ZAITSEV D. Sequential composition of linear systems' clans［J］. Information Sciences：An International Journal，2016，363：292-307.

第4章 灰色聚类评估模型

灰色聚类可分为灰色关联聚类和灰色白化权函数聚类。灰色关联聚类主要用于变量或指标的降维，使系统简化，属于归类问题；灰色白化权函数聚类主要将已知信息不足的，以"缺信息""贫数据"为特点的复杂系统作为研究对象，通过对已有的数据进行隐含信息的深度挖掘，获取未体现于表面的数据信息，从而实现对灰色系统的历史评判与模拟预测。

灰色聚类评估模型的主体思想是研究隐藏在数据背后的影响因素与生产规律，在对灰色系统综合理解评价的基础上，可以全面了解整个系统的运行现状。

4.1 灰色关联聚类

灰色关联聚类常用于检查诸多针对结果的影响因素中是否有若干个因素大体上属于同一类，使我们能使用这些因素的综合平均指标或其中的某一个因素来代表这若干个因素，从而使信息不受严重损失。这属于系统变量的降维问题。在进行大面积调研之前，通过典型抽样数据的灰色关联聚类，可以减少不必要数据的收集，以节省人力、物力和财力。

（1）列写观测序列。

设有 n 个观测对象，每个对象观测 m 个特征数据，得到的序列如下：

$$\begin{cases} X_1 = (x_1(1), x_1(2), \cdots, x_1(n)) \\ X_2 = (x_2(1), x_2(2), \cdots, x_2(n)) \\ \vdots \\ X_m = (x_m(1), x_m(2), \cdots, x_m(n)) \end{cases} \tag{4-1}$$

（2）计算灰色绝对关联度 ε_{ij}。

对所有的 $i \leqslant j, i, j = 1, 2, \cdots, m$，计算出 X_i 与 X_j 的灰色绝对关联度 ε_{ij}，得到上三角矩阵：

$$\boldsymbol{A} = \begin{bmatrix} \varepsilon_{11} & \varepsilon_{12} & \cdots & \varepsilon_{11} \\ & \varepsilon_{22} & \cdots & \varepsilon_{2m} \\ & & \ddots & \vdots \\ & & & \varepsilon_{mm} \end{bmatrix} \tag{4-2}$$

式中，$\varepsilon_{ii} = 1, i = 1, 2, \cdots, m$。

矩阵 A 称为特征变量关联矩阵。

（3）确定临界值 r。

确定临界值 $r \in [0, 1]$，一般要求 $r > 0.5$。当 $\varepsilon_{ij} \geqslant r (i \neq j)$ 时，视 X_j 与 X_i 为同类特征。

r 可根据实际问题的需要确定，r 越接近于 1，分类越细，每一组分中的变量相对越少；r 越小，分类越粗，每一组分中的变量相对越多。

4.2　灰色白化权函数聚类

灰色白化权函数聚类常用于检查观测对象是否属于事先设定的不同类别，并检查对象属于何类。灰色白化权函数聚类具体分为三个模型，即灰色变权聚类评估模型、灰色定权聚类评估模型和基于三角白化权函数的灰色聚类评估模型。

4.2.1　灰色变权聚类评估模型

灰色变权聚类评估模型适用于指标的意义、量纲都相同，且不同指标的样本值在数量上差异不大时的情形。

（1）确定白权化函数。

设有 n 个聚类对象，m 个聚类指标，s 个不同灰类，根据第 i（$i = 1, 2, \cdots, n$）个对象关于 j（$j = 1, 2, \cdots, m$）指标的观测值 $x_{ij}(i = 1, 2, \cdots, n; j = 1, 2, \cdots, m)$，记 j 指标 k 子类的白权化函数为 $f_j^k(j = 1, 2, \cdots, m; k = 1, 2, \cdots, s)$。典型的白权化函数如图 4—1 所示，其中 $x_j^k(1), x_j^k(2), x_j^k(3), x_j^k(4)$ 为 f_j^k 的转折点。白权化函数记为

$$f_j^k [x_j^k(1), x_j^k(2), x_j^k(3), x_j^k(4)] \tag{4-3}$$

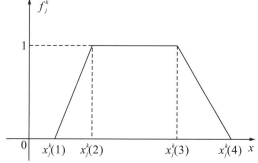

图 4—1　典型的白权化函数

常见的白权化函数有下限、适中和上限白权化函数。

若白化权函数 $f_j^k(\cdot)$ 无第一和第二个转折点 $x_j^k(1)$, $x_j^k(2)$, 如图 4-2（a）所示，则称 $f_j^k(\cdot)$ 为下限测度白化权函数，记为

$$f_j^k[-,-,x_j^k(3),x_j^k(4)]$$

若白化权函数 $f_j^k(\cdot)$ 无第二或第三个转折点 $x_j^k(2)$, $x_j^k(3)$, 如图 4-2（b）所示，则称 $f_j^k(\cdot)$ 为适中测度白化权函数，记为

$$f_j^k[x_j^k(1),x_j^k(2),-,x_j^k(4)] \text{ 或 } f_j^k[x_j^k(1),-,x_j^k(3),x_j^k(4)]$$

若白化权函数 $f_j^k(\cdot)$ 无第三和第四个转折点 $x_j^k(3)$, $x_j^k(4)$, 如图 4-2（c）所示，则称 $f_j^k(\cdot)$ 为上限测度白化权函数，记为

$$f_j^k[x_j^k(1),x_j^k(2),-,-]$$

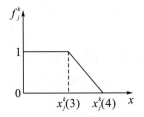 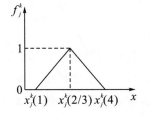 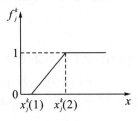

（a）下限测度白化权函数　　（b）适中测度白化权函数　　（c）上限测度白化权函数

图 4-2

上述白化权函数的解析表达式如下：

①对于图 4-1 所示的典型白化权函数，有

$$f_j^k(x) = \begin{cases} 0, & x \notin [x_j^k(1),x_j^k(4)] \\ \dfrac{x-x_j^k(1)}{x_j^k(2)-x_j^k(1)}, & x \in (x_j^k(1),x_j^k(2)] \\ 1, & x \in (x_j^k(2),x_j^k(3)] \\ \dfrac{x_j^k(4)-x}{x_j^k(4)-x_j^k(3)}, & x \in (x_j^k(3),x_j^k(4)] \end{cases} \qquad (4-4)$$

②对于图 4-2（a）所示的下限测度白化权函数，有

$$f_j^k(x) = \begin{cases} 0, & x \notin [0,x_j^k(4)] \\ 1, & x \in (0,x_j^k(3)] \\ \dfrac{x_j^k(4)-x}{x_j^k(4)-x_j^k(3)}, & x \in (x_j^k(3),x_j^k(4)] \end{cases} \qquad (4-5)$$

③对于图 4-2（b）所示的适中测度白化权函数，有

$$f_j^k(x) = \begin{cases} 0, & x \notin [x_j^k(1),x_j^k(4)] \\ \dfrac{x-x_j^k(1)}{x_j^k(2)-x_j^k(1)}, & x \in (x_j^k(1),x_j^k(2)] \\ \dfrac{x_j^k(4)-x}{x_j^k(4)-x_j^k(2)}, & x \in (x_j^k(2),x_j^k(4)] \end{cases} \qquad (4-6)$$

④对于图 4－2（c）所示的上限测度白化权函数，有

$$f_j^k(x) = \begin{cases} 0, & x \in [0, x_j^k(1)] \\ \dfrac{x - x_j^k(1)}{x_j^k(2) - x_j^k(1)}, & x \in [x_j^k(1), x_j^k(2)] \\ 1, & x \in [x_j^k(2), \infty) \end{cases} \tag{4-7}$$

由于建模对象为灰色系统，掌握的信息有限，所以白化权函数列写时，白化权与序列值的数值关系暂时线性化处理，即两点式列写白化权函数。若由掌握的信息可得到准确的白化权与序列值的函数关系，则应以该函数关系作为观测系统的白化权函数。

（2）确定白权化函数临界值。

对于图 4－1 所示的 j 指标 k 子类白化权函数，令

$$\lambda_j^k = \frac{1}{2}[x_j^k(2) + x_j^k(3)] \tag{4-8}$$

对于图 4－2（a）所示的 j 指标 k 子类白化权函数，令 $\lambda_j^k = x_j^k(3)$。

对于图 4－2（b）和图 4－2（c）所示的 j 指标 k 子类白化权函数，令 $\lambda_j^k = x_j^k(2)$，则称 λ_j^k 为 j 指标 k 子类白权化函数临界值。

（3）求权。

设 λ_j^k 为 j 指标 k 子类白权化函数临界值，则称

$$\eta_j^k = \frac{\lambda_j^k}{\sum_{j=1}^{m} \lambda_j^k} \tag{4-9}$$

为 j 指标 k 子类的权。

（4）求聚类系数。

设 x_{ij} 为对象 i 关于指标 j 的观测值，$f_j^k(\cdot)$ 为 j 指标 k 子类白化权函数，η_j^k 为 j 指标 k 子类的权，则称

$$\sigma_i^k = \sum_{j=1}^{m} f_j^k(x_{ij}) \cdot \eta_j^k \tag{4-10}$$

为对象 i 属于灰类 k 的灰色变权聚类系数。

（5）列写聚类系数向量/矩阵。

对象 i 的聚类系数向量为

$$\boldsymbol{\sigma}_i = (\sigma_i^1, \sigma_i^2, \cdots, \sigma_i^s) = \left(\sum_{j=1}^{m} f_j^1(x_{ij}) \cdot \eta_j^1, \sum_{j=1}^{m} f_j^2(x_{ij}) \cdot \eta_j^2, \cdots, \sum_{j=1}^{m} f_j^s(x_{ij}) \cdot \eta_j^s \right) \tag{4-11}$$

聚类系数矩阵为

$$\boldsymbol{\Sigma} = (\sigma_i^k) = \begin{bmatrix} \sigma_1^1 & \sigma_1^2 & \cdots & \sigma_1^s \\ \sigma_2^1 & \sigma_2^2 & \cdots & \sigma_2^s \\ \vdots & \vdots & & \vdots \\ \sigma_n^1 & \sigma_n^2 & \cdots & \sigma_n^s \end{bmatrix} \tag{4-12}$$

（6）确定灰类。

根据聚类系数最大化原则，若 $\max\limits_{1\leqslant k\leqslant s}\{\sigma_i^k\}=\sigma_i^{k^*}$，则判定对象 i 属于灰类 k^*。

由 j 指标 k 子类的权 η_j^k 的计算式，当指标的量纲不同时，无法求和，即无法计算 $\sum\limits_{j=1}^{m}\lambda_j^k$；由 η_j^k 的计算式，当样本值在数量上悬殊时，临界值越大，权越大，导致计算结果偏权失真。故此两种情形都不宜采用灰色变权聚类。

解决这一问题有两种途径：一是先采用初值化算子或均值化算子将各个指标样本值化为无量纲数据，然后进行聚类，但这种方式对所有聚类指标一视同仁，不能反映不同指标在聚类过程中作用的差异性；二是对各聚类指标事先赋权，即得灰色定权聚类评估模型。

4.2.2 灰色定权聚类评估模型

灰色定权聚类评估模型是灰色变权聚类评估模型的一种改进。由于灰色变权聚类评估模型在指标量纲不同时无法求权，使用受到局限，所以对各聚类指标事先赋权，即得灰色定权聚类评估模型。

（1）确定白权化函数。

根据已有信息，构造 j 指标 k 子类白化权函数：
$$f_j^k(\cdot),\ j=1,2,\cdots,m;k=1,2,\cdots,s \tag{4-13}$$

（2）定权。

若 j 指标 k 子类的权 $\eta_j^k(j=1,2,\cdots,m;k=1,2,\cdots,s)$ 与 k 无关，即对任意的 k_1，$k_2\in\{1,2,\cdots,s\}$，恒有 $\eta_j^{k_1}=\eta_j^{k_2}$，此时可将 η_j^k 的上标 k 略去，记为 $\eta_j(j=1,2,\cdots,m)$，则称 $\eta_j(j=1,2,\cdots,m)$ 为 j 指标 k 子类的权。

根据定性分析结论，确定各指标在灰色聚类中的权重 η_j，$j=1,2,\cdots,m$。

（3）求聚类系数。

①定权聚类系数。

设 $x_{ij}(i=1,2,\cdots,n;j=1,2,\cdots,m)$ 为对象 i 关于指标 j 的观测值，$f_j^k(\cdot)(j=1,2,\cdots,m;k=1,2,\cdots,s)$ 为 j 指标 k 子类白化权函数，则称
$$\sigma_i^k=\sum_{j=1}^{m}f_j^k(x_{ij})\cdot\eta_j \tag{4-14}$$
为对象 i 属于灰类 k 的灰色定权聚类系数。

②等权聚类系数。

设 $x_{ij}(i=1,2,\cdots,n;j=1,2,\cdots,m)$ 为对象 i 关于指标 j 的观测值，$f_j^k(\cdot)(j=1,2,\cdots,m;k=1,2,\cdots,s)$ 为 j 指标 k 子类白化权函数，若对任意的 $j=1,2,\cdots,m$，恒有 $\eta_j=\dfrac{1}{m}$，则称
$$\sigma_i^k=\sum_{j=1}^{m}f_j^k(x_{ij})\cdot\eta_j=\frac{1}{m}\sum_{j=1}^{m}f_j^k(x_{ij}) \tag{4-15}$$

为对象 i 属于灰类 k 的灰色等权聚类系数。

根据灰色定权聚类系数的值对聚类对象进行归类，称为灰色定权聚类；根据灰色等权聚类系数的值对聚类对象进行归类，称为灰色等权聚类。

（4）列写聚类系数向量/矩阵。

与灰色变权聚类评估模型的聚类系数向量/矩阵列写方法相同，由第（4）步的计算结果，可列写灰色定权聚类评估模型的聚类系数向量/矩阵。

（5）确定灰类。

根据聚类系数最大化原则，若 $\max\limits_{1\leqslant k\leqslant s}\{\sigma_i^k\}=\sigma_i^{k^*}$，则判定对象 i 属于灰类 k^*。

上述两种评估模型在灰色系统理论发展的初期阶段被建立和完善，但模型在实际应用过程中常因灰色系统贫信息的特点，掌握的信息有限，在白化权函数的建立中遇到较大的困难与挑战。

因此，学者提出了新的灰色评估模型——基于三角白化权函数的灰色聚类评估模型，该模型更容易构造出白化权函数，以适应贫信息背景下的聚类评估。

4.2.3　基于三角白化权函数的灰色聚类评估模型

基于三角白化权函数的灰色聚类评估模型是针对因信息匮乏而导致白化权函数无法构造，无法应用灰色变/定权聚类评估模型的灰色系统，所建立的一种灰色评估模型。相较于灰色变/定权聚类评估模型，该模型更容易构造出白化权函数。

基于三角白化权函数的灰色聚类评估模型具体可分为基于端点三角白化权函数的灰色聚类评估模型和基于中心点三角白化权函数的灰色聚类评估模型。基于端点三角白化权函数的灰色聚类评估模型适用于各灰类边界清晰，但最可能属于各灰类的点不明的情形；基于中心点三角白化权函数的灰色聚类评估模型适用于较易判断最可能属于各灰类的点，但各灰类边界不清晰的情形。

4.2.3.1　基于端点三角白化权函数的灰色聚类评估模型

基于端点三角白化权函数的灰色聚类评估模型的建模步骤如下：

（1）划分区间。

根据该类灰色系统各类边界清晰的特点，按照评估要求所需划分的灰类数 s，将各个指标的取值范围也相应地划分为 s 个灰类，如将 j 指标的取值范围 $[a_1,a_{s+1}]$ 划分为 s 个小区间：

$$[a_1,a_2],\cdots,[a_{k-1},a_k],\cdots,[a_{s-1},a_s],[a_s,a_{s+1}] \tag{4-16}$$

式中，$a_k(k=1,2,\cdots,s,s+1)$ 的值一般可根据实际评估要求或定性研究结果确定。

（2）定几何中点。

计算各个小区间的几何中点，$\lambda_k=\dfrac{a_k+a_{k+1}}{2},k=1,2,\cdots,s$。

（3）确定白权化函数（构造三角形）。

令 λ_k 属于第 k 个灰类的白化权函数值为 1，连接 $(\lambda_k, 1)$ 与第 $k-1$ 个灰类的几何中点 λ_{k-1} 和第 $k+1$ 个灰类的几何中点 λ_{k+1}，得到 j 指标关于 k 灰类的三角白化权函数 $f_j^k(\cdot)$ $(j = 1, 2, \cdots, m; k = 1, 2, \cdots, s)$。对于 $f_j^1(\cdot)$ 和 $f_j^s(\cdot)$，可分别将 j 指标取数域向左、右延拓至 a_0, a_{s+2}，如图 4-3 所示。

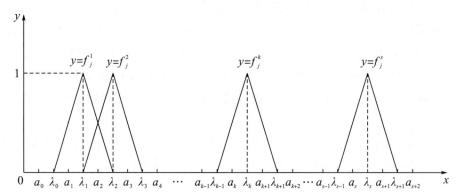

图 4-3 端点三角白化权函数示意图

$$f_j^k(x) = \begin{cases} 0, & x \notin [\lambda_{k-1}, \lambda_{k+1}] \\ \dfrac{x - \lambda_{k-1}}{\lambda_k - \lambda_{k-1}}, & x \in [\lambda_{k-1}, \lambda_k) \\ \dfrac{\lambda_{k+1} - x}{\lambda_{k+1} - \lambda_k}, & x \in [\lambda_k, \lambda_{k+1}] \end{cases} \quad (4-17)$$

对于指标 j 的一个观测值 x 可由式（4-17）计算出其属于灰类 $k(k = 1, 2, \cdots, s)$ 的白化权 $f_j^k(x)$。

（4）定权。

确定各指标在灰色聚类中的权重 $\eta_j, j = 1, 2, \cdots, m$。

（5）求聚类系数。

计算对象 $i(i = 1, 2, \cdots, n)$ 关于灰类 $k(k = 1, 2, \cdots, s)$ 的灰色聚类系数 σ_i^k，即

$$\sigma_i^k = \sum_{j=1}^{m} f_j^k(x_{ij}) \cdot \eta_j \quad (4-18)$$

式中，$f_j^k(x_{ij})$ 为 j 指标 k 子类白化权函数，η_j 为指标 j 在灰色聚类中的权重。

（6）列写聚类系数向量/矩阵。

与灰色变权聚类评估模型的聚类系数向量/矩阵列写方法相同，由第（4）步的计算结果，可列写灰色定权聚类评估模型的聚类系数向量/矩阵。

（7）确定灰类。

根据聚类系数最大化原则，若 $\max_{1 \leq k \leq s} \{\sigma_i^k\} = \sigma_i^{k^*}$，则判定对象 i 属于灰类 k^*。

当有多个对象同属于 k^* 灰类时，还可以进一步根据综合聚类系数的大小确定 k^* 灰类各个对象的优劣或位次。

4.2.3.2　基于中心点三角白化权函数的灰色聚类评估模型

基于中心点三角白化权函数的灰色聚类评估模型的建模步骤如下：

（1）定点。

该类灰色系统较易判断各灰类范围的内部点，对于指标 j，按照评估要求所需划分的灰类数 s，确定最可能属于灰类 $1,2,\cdots,s$ 的点 $\lambda_1,\lambda_2,\cdots,\lambda_s$（$\lambda_k$ 可以是中点，也可以不是中点，以属于灰类最大可能性为选取依据，称为中心点）。

（2）划分区间。

将各个指标的取值范围相应地划分为 s 个灰类，如将 j 指标的取值范围 $[\lambda_1,\lambda_{s+1}]$ 划分为 s 个小区间：

$$[\lambda_1,\lambda_2],\cdots,[\lambda_{k-1},\lambda_k],\cdots,[\lambda_{s-1},\lambda_s],[\lambda_s,\lambda_{s+1}] \tag{4-19}$$

（3）确定白权化函数（构造三角形）。

同时连接 $(\lambda_k,1)$ 与第 $k-1$ 个小区间的几何中心点 $(\lambda_{k-1},0)$，以及 $(\lambda_k,1)$ 和第 $k+1$ 个灰类的小区间中心点 $(\lambda_{k+1},0)$，得到 j 指标关于 k 灰类的三角白化权函数 $f_j^k(\cdot)$（$j=1,2,\cdots,m;k=1,2,\cdots,s$）。对于 $f_j^1(\cdot)$ 和 $f_j^s(\cdot)$，可分别将 j 指标取数域向左、右延拓至 λ_0，λ_{s+1}，得到 j 指标关于灰类 1 的三角白化权函数 $f_j^1(\cdot)$ 和 j 指标关于灰类 s 的三角白化权函数 $f_j^s(\cdot)$，如图 4-4 所示。

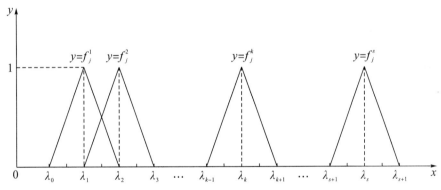

图 4-4　中心点三角白化权函数示意图

$$f_j^k(x)=\begin{cases} 0, & x\notin[\lambda_{k-1},\lambda_{k+1}] \\[2mm] \dfrac{x-\lambda_{k-1}}{\lambda_k-\lambda_{k-1}}, & x\in[\lambda_{k-1},\lambda_k) \\[2mm] \dfrac{\lambda_{k+1}-x}{\lambda_{k+1}-\lambda_k}, & x\in[\lambda_k,\lambda_{k+1}] \end{cases} \tag{4-20}$$

对于指标 j 的一个观测值 x 可由式（4-20）计算出其属于灰类 $k(k=1,2,\cdots,s)$ 的白化权 $f_j^k(x)$。

（4）定权。

确定各指标在灰色聚类中的权重 η_j，$j=1,2,\cdots,m$。

（5）求聚类系数。

计算对象 $i(i = 1,2,\cdots,n)$ 关于灰类 $k(k = 1,2,\cdots,s)$ 的灰色聚类系数 σ_i^k，即

$$\sigma_i^k = \sum_{j=1}^{m} f_j^k(x_{ij}) \cdot \eta_j \qquad (4-21)$$

式中，$f_j^k(x_{ij})$ 为 j 指标 k 子类白化权函数，η_j 为指标 j 在灰色聚类中的权重。

（6）列写聚类系数向量/矩阵。

与灰色变权聚类评估模型的聚类系数向量/矩阵列写方法相同，由第（4）步的计算结果，可列写灰色定权聚类评估模型的聚类系数向量/矩阵。

（7）确定灰类。

根据聚类系数最大化原则，若 $\max_{1 \leqslant k \leqslant s} \{\sigma_i^k\} = \sigma_i^{k^*}$，则判定对象 i 属于灰类 k^*。

当有多个对象同属于 k^* 灰类时，还可以进一步根据综合聚类系数的大小确定 k^* 灰类各个对象的优劣或位次。

4.2.4 灰色综合聚类评估模型

灰色综合聚类评估模型是解决聚类系数无显著性差异时，判定聚类对象应属于何种灰类的灰色系统聚类评估模型。

灰色变权聚类评估模型、灰色定权聚类评估模型、基于三角白化权函数的灰色聚类评估模型都是对灰色聚类系数向量矩阵分量的大小进行比较，从而判定聚类对象属于某一灰类。但在实际系统中，往往会遇到灰色聚类系数无显著性差异的系统，当聚类系数无显著性差异时，以上模型就无法判定聚类对象应属于何种灰类。灰色综合聚类评估模型解决了当灰色聚类系数无显著性差异时，进行灰色系统聚类评估的模型建立方法，具体步骤如下：

（1）确定白化权函数。

按照综合评价要求划分灰类数 s，根据已有信息，构造 j 指标 k 子类白化权函数：

$$f_j^k(\bullet), j = 1,2,\cdots,m; k = 1,2,\cdots,s \qquad (4-22)$$

（2）定权。

根据定性分析结论，确定各指标在灰色聚类中的权重 $\eta_j, j = 1,2,\cdots,m$。

（3）求聚类系数。

根据第（1）步和第（2）步得到白化权函数 $f_j^k(\bullet)(j = 1,2,\cdots,m; k = 1,2,\cdots,s)$，聚类权 $\eta_j(j = 1,2,\cdots,m)$，以及对象 i 关于指标 j 的观测值 $x_{ij}(i = 1,2,\cdots,n; j = 1,2,\cdots,m)$，计算出对象 i 关于第 k 灰类的聚类系数 σ_i^k。

（4）计算归一化聚类系数。

令 $\delta_i^k = \sigma_i^k / \sum_{k=1}^{s} \sigma_i^k$，称 δ_i^k 为对象 i 关于灰类 k 的归一化聚类系数 δ_i^k。

（5）列写归一化聚类系数向量。

$\boldsymbol{\delta}_i = (\delta_i^1, \delta_i^2, \cdots, \delta_i^s)(i = 1, 2, \cdots, n)$ 为聚类对象的 i 归一化聚类系数向量，归一化聚类系数矩阵为

$$\boldsymbol{\Pi} = (\delta_i^k) = \begin{bmatrix} \delta_1^1 & \delta_1^2 & \cdots & \delta_1^s \\ \delta_2^1 & \delta_2^2 & \cdots & \delta_2^s \\ \vdots & \vdots & & \vdots \\ \delta_n^1 & \delta_n^2 & \cdots & \delta_n^s \end{bmatrix} \tag{4-23}$$

计算聚类对象的 i 归一化聚类系数向量 $\boldsymbol{\delta}_i = (\delta_i^1, \delta_i^2, \cdots, \delta_i^s)(i = 1, 2, \cdots, n)$。

（6）计算综合聚类系数。

设有 n 个聚类对象，s 个不同灰类，令 $\boldsymbol{\eta} = (1, 2, \cdots, s-1, s)^{\mathrm{T}}$，则称

$$\omega_i = \boldsymbol{\delta}_i \cdot \boldsymbol{\eta} = \sum_{k=1}^{s} k \cdot \delta_i^k (i = 1, 2, \cdots, n) \tag{4-24}$$

为聚类对象 i 的综合聚类系数，$\boldsymbol{\eta}$ 为综合聚类系数的权向量。

根据归一化聚类系数权向量 $\boldsymbol{\delta}_i$ 和聚类系数的权向量 $\boldsymbol{\eta}$，计算出对象 i 的综合聚类系数 ω_i。

（7）划分区间。

把综合聚类系数的取值范围分为 s 个互不相交的等长区间，即 $\left[1, 1 + \dfrac{s-1}{s}\right)$，$\left[1 + \dfrac{s-1}{s}, 1 + \dfrac{2(s-1)}{s}\right)$，$\left[1 + \dfrac{2(s-1)}{s}, 1 + \dfrac{3(s-1)}{s}\right)$，$\cdots$，$\left[s - \dfrac{s-1}{s}, s\right]$。

（8）确定灰类。

当综合系数 $\omega_i \in \left[\dfrac{(k-1)(s-1)}{k}, 1 + \dfrac{k(s-1)}{s}\right)$ 时，判定对象属于第 k 灰类。

此方法为解决不完全信息下灰色聚类问题，特别是当灰色聚类系数差异不显著时提供了一条新的途径。

4.3　灰色聚类评估案例——五个化工园区安全性评估

化工园区安全评估系统可以看成是一个灰色系统，因此，采用灰色聚类评估的方法对五个四川省内化工园区进行安全性评估。

4.3.1　化工园区危化品储量数据

对 A、B、C、D 和 E 五个工业园区内部各工厂危化品储量和物化性质进行分类统计，如表 $4-1\sim$表 $4-5$ 所示。

表 4-1　园区 A 内部各工厂危化品储量和物化性质统计

序号	企业名称	危险化学品	最大储量（t）	临界量（t）	危险源物理性质	危险源化学性质	重大危险源等级	安全风险等级
1	企业1	盐酸	130	—	液体	腐蚀性物质	一级重大危险源	重大风险（1级）
		四氯乙烯	20	50	液体	毒性物质		
		氢氧化钠	1000	—	固体	腐蚀性物质		
		二氯乙烷	15	50	易燃液体	毒性物质		
		三氯乙烷	300	—	液体	毒性物质		
		水合肼	60	—	液体	腐蚀性物质		
		次氯酸钠	75	—	固体	氧化性物质及有机过氧化物		
		氯气（液态）	20	5	易燃液体	毒性、氧化性物质及有机过氧化物		
		乙炔	1	1	易燃气体	毒性物质		
		氯乙烯	100	50	易燃气体	毒性物质		
		硫酸	30	—	液体	腐蚀性、氧化性物质及有机过氧化物		
		甲苯	5	50	易燃液体	毒性物质		
		丙酮	20	500	易燃液体	毒性物质		
		液氨	50	10	液体	腐蚀性、毒性物质		
2	企业2	甲醇	7939	500	易燃液体	毒性物质	三级重大危险源	重大风险（1级）
		甲醛	2058	5000	易燃气体	毒性物质		
3	企业3	乙醇	95	1000	易燃液体	毒性物质	—	较大风险（2级）
		氢氧化钠	5	—	固体	腐蚀性物质		
		液溴	70	—	易燃液体	腐蚀性、毒性、氧化性物质及有机过氧化物		
		盐酸	3	—	液体	腐蚀性物质		

续表4-1

序号	企业名称	危险化学品	最大储量（t）	临界量（t）	危险源物理性质	危险源化学性质	重大危险源等级	安全风险等级
4	企业4	氯酸钠	100	100	易燃固体	氧化性物质及有机过氧化物	—	较大风险（2级）
		盐酸	400	—	液体	腐蚀性物质		
		硫酸	80	—	液体	腐蚀性、氧化性物质及有机过氧化物		
		氢氧化钠	400	—	固体	腐蚀性物质		
		二氧化氯	300	—	易燃气体	毒性、氧化性物质及有机过氧化物		
		甲醇	28	500	易燃液体	毒性物质		
5	企业5	甲醇	50	500	易燃液体	毒性物质	—	较大风险（2级）
		二甲苯	30	5000	易燃液体	毒性物质		
		硫酸	50	—	液体	腐蚀性、氧化性物质及有机过氧化物		
		乙醇	15	1000	易燃液体	毒性物质		
6	企业6	硫黄	120	—	易燃固体	—	—	较大风险（2级）
		硫酸	59.11	—	液体	腐蚀性、氧化性物质及有机过氧化物		
7	企业7	发射药	0.28		易燃固体	—	—	较大风险（2级）
		击发药起爆药	0.07		易燃固体	—		
		香蕉水	0.15		易燃液体	毒性物质		
		硝酸钡	0.5	—	易燃固体	毒性、氧化性物质及有机过氧化物		
		亚硝酸钠	0.5		易燃固体	毒性、氧化性物质及有机过氧化物		
		硝酸铅	1		易燃固体	毒性物质		

序号	企业名称	危险化学品	最大储量（t）	临界量（t）	危险源物理性质	危险源化学性质	重大危险源等级	安全风险等级
8	企业8	液氨	23	10	液体	腐蚀性、毒性物质	—	较大风险（2级）
		氨水	60		液体	腐蚀性、毒性物质		
		硫酸	15		液体	腐蚀性、氧化性物质及有机过氧化物		
		氢氧化钠溶液	15		液体	腐蚀性物质		
9	企业9	氯气	3.9	5	易燃气体	毒性、氧化性物质及有机过氧化物	—	较大风险（2级）
		氧	68	200	气体	—		
		过氧化氢	4	50	液体	氧化性物质及有机过氧化物		
		甲苯	65.2	500	易燃液体	毒性物质		
10	企业10	盐酸	150	—	液体	腐蚀性物质	—	较大风险（2级）
		氯化钡	400	—	固体	毒性物质		
		碳酸钡粉	1000	—	固体	毒性物质		

表4—2　园区 B 内部各工厂危化品储量和物化性质统计

序号	企业名称	危险化学品	储量（t）	危险源物理性质	危险源化学性质
1	企业1	对二甲苯	2583	易燃液体	毒性物质
		混合芳烃	8400	易燃液体	—
		对二乙基苯	5400	易燃液体	氧化性物质
		环丁砜	1891.5	固体	毒性物质
		乙烯	23.56	易燃气体	毒性物质
		丙烯	28.71	易燃气体	毒性物质
		废丙烯	1.914	易燃气体	毒性物质
		丁二烯	1860	易燃气体	毒性物质

序号	企业名称	危险化学品	储量（t）	危险源物理性质	危险源化学性质
1	企业1	1－丁烯	1260	易燃气体	毒性物质
		裂解汽油	8300	易燃液体	—
		燃料油	1840	易燃液体	—
		调质油	920	易燃液体	—
		污油	10120	易燃液体	—
		原油	1358400	易燃液体	—
		催化汽油	21750	易燃液体	—
		裂解汽油	7250	易燃液体	—
		石脑油	29656	易燃液体	—
		柴油	10725	易燃液体	—
		液化石油气	21.15	易燃气体	—
		混合石脑油	42000	易燃液体	—
		1－己烯	280	易燃液体	毒性物质
		己烷	660	易燃液体	毒性物质
		对二甲苯（P－X）	32566	易燃液体	毒性物质
		甲苯	1742	易燃液体	毒性物质
		苯	17600	易燃液体	毒性物质
		煤油	34875	易燃液体	—
		92♯汽油	43500	易燃液体	—
		95♯汽油	14500	易燃液体	—
		甲醛	2.134	气体	毒性物质
		乙二醇	22260	易燃液体	毒性物质
		正丁醇	4050	易燃液体	毒性物质
		辛醇	4800	液体	—
		异丁醇	1603.2	易燃液体	—
		二乙二醇	2236	液体	毒性物质
		重整汽油	6525	易燃液体	毒性物质
		浓硫酸	736	液体	腐蚀性、毒性、氧化性物质及有机过氧化物
		浓碱液	4020	液体	腐蚀性物质

续表4-2

序号	企业名称	危险化学品	储量(t)	危险源物理性质	危险源化学性质
1	企业1	稀碱液	4004	液体	腐蚀性物质
		丁二烯	744	易燃气体	—
2	企业2	环氧乙烷	0.152	易燃气体	毒性物质
3	企业3	0♯柴油	206250	易燃液体	—
		92♯汽油	137750	易燃液体	—
		95♯汽油	43500	易燃液体	—
4	企业4	过硫酸铵 F1	11	易燃固体	腐蚀性、毒性、氧化性物质及有机过氧化物
		丙烯酸 S2	52.5	液体	毒性物质
		氢氧化钠溶液（32％）M3	100.5	液体	腐蚀性物质
		过氧化氢（27.5％）F2	3	液体	氧化性物质及有机过氧化物
		硫代乙醇酸 T1	1	液体	毒性物质
		巯基乙醇 T4	2	液体	毒性物质
		氟硅酸镁 NS3	30	固体	—
5	企业5	原料碳九	7040	易燃液体	—
		偏三甲苯	1401	易燃液体	毒性物质
		SA-1000♯高沸点芳烃	4176	易燃液体	毒性物质
		SA-1500♯高沸点芳烃溶剂罐	856	易燃液体	毒性物质
		SA-1800♯高沸点芳烃溶剂罐	304	易燃液体	毒性物质
		均三甲苯	1380	易燃液体	毒性物质
		连三甲苯	285	易燃液体	毒性物质
		混三甲苯	3520	易燃液体	毒性物质
		邻苯二甲酸二丁酯	336	易燃液体	毒性物质
		环丁砜	403.2	固体	毒性物质

序号	企业名称	危险化学品	储量（t）	危险源物理性质	危险源化学性质
6	企业 6	裂解汽油	19.32	易燃液体	—
		裂解碳八	10.65	易燃液体	—
		丁辛醇副产物	3.0	液体	—
		重碳九	8.78	易燃液体	—
		重油 C9	0.33	易燃液体	—
		粗碳九	0.72	易燃液体	—
		混二芳烃	0.93	易燃液体	毒性物质
		混三芳烃	4.61	易燃液体	毒性物质
		混四芳烃	1.31	易燃液体	毒性物质
		重芳烃	0.89	易燃液体	毒性物质
		混合丁醇	1.25	易燃液体	—
		辛醇	1.06	易燃液体	—
		杂醇	0.51	易燃液体	—
		轻油 C5～C7	0.13	易燃液体	—
		苯乙烯	3.65	易燃液体	毒性物质
		抽余油 C8	6.89	易燃液体	—
		混合醇	3	易燃液体	—
7	企业 7	裂解碳 M 馏分	3672	易燃液体	—
		聚合级异戊二烯	1728	液体	—
		粗异戊二烯	362.7	液体	—
		间戊二烯	741.78	液体	—
		抽余碳五	345.15	易燃液体	—
		碳五溶剂	391.95	易燃液体	—
		双环戊二烯	828	易燃固体	毒性物质
		加氢溶剂（D40 石油精 C10－12 型）	284.4	液体	—
		芳烃溶剂（混合三甲苯）	77.4	易燃液体	毒性物质
		重溶剂	231.66	液体	—

序号	企业名称	危险化学品	储量（t）	危险源物理性质	危险源化学性质
7	企业7	间戊二烯液体树脂	207.9	易燃液体	毒性物质
		DCPD 液体树脂	209.25	液体	—
		熔融树脂	200	液体	—
		液碱 NaH	40	液体	腐蚀性物质
		苯乙烯	81.9	易燃液体	毒性物质
		硫酸	18.4	液体	腐蚀性、毒性、氧化性物质及有机过氧化物
8	企业8	含丙酮溶剂	25	易燃液体	毒性物质
		含 N-甲基吡咯烷酮溶剂	51.4	液体	毒性物质
		含甲苯溶剂	87	易燃液体	毒性物质
		含二氯甲烷溶剂	186.67	液体	毒性物质
		含异丙醇溶剂	39.5	易燃液体	毒性物质
		含醋酸异丙酯溶剂	135.4	易燃液体	毒性物质
		含乙酸乙酯溶剂	135.4	易燃液体	毒性物质
		含二乙二醇丁醚、N,N-二甲基甲酰胺溶剂	102.28	液体	毒性物质
		含甲醇溶剂	83.6	易燃液体	毒性物质
		含乙醇溶剂	82.6	易燃液体	毒性物质
		富镍铝渣	120	固体	—
		偏钒酸铵	36	固体	毒性物质
		钼酸	17	固体	毒性物质
		硫酸钠	305	固体	毒性物质
		Pt 粉（氧化物）	0.01	固体	氧化性物质及有机过氧化物
		再生颗粒活性炭	188	易燃固体	—
		再生粉末活性炭	63	易燃固体	—

序号	企业名称	危险化学品	储量（t）	危险源物理性质	危险源化学性质
9	企业9	苯酚	27	易燃液体	腐蚀性、毒性物质
		苯酐	13.8	固体	毒性物质
		水合肼	5.9	液体	毒性物质
		联苯二酚	27.2	固体	毒性物质
		4,4－二氯二苯砜	42.1	固体	腐蚀性物质
		4,4－二氟二苯甲酮	36.8	固体	毒性物质
		1,2－二氯乙烷	20	易燃液体	毒性物质
		环丁砜	30	固体	毒性物质
		氯苯	30	易燃液体	毒性物质
		N,N－二甲基乙酰胺	20	液体	毒性物质
		乙醇	20	易燃液体	—
		无水三氯化铝	22.8	固体	腐蚀性、毒性物质
		碳酸钾（固体）	27.2	固体	毒性物质
		盐酸（31%）	1.75	液体	腐蚀性物质
		玻璃纤维/碳纤维	46	易燃固体	—
		N－甲基吡咯烷酮	2	液体	毒性物质
		氯化钾	12.5	固体	毒性物质

表 4－3　园区 C 内部各工厂危化品储量和物化性质统计

序号	企业名称	危险化学品	储量（t）	危险源物理性质	危险源化学性质
1	企业1	溴	78.43	易燃液体	腐蚀性、毒性、氧化性物质及有机过氧化物
		氯	29.48	易燃液体	毒性、氧化性物质及有机过氧化物
		氢氧化钾（固体）	60	固体	腐蚀性物质
		（发烟）硝酸	15	液体	腐蚀性、氧化性物质及有机过氧化物
		甲苯	43.5	易燃液体	毒性物质
		甲醇	39.5	易燃液体	毒性物质
		氢氧化钾（碱液）	100	液体	腐蚀性物质

工业园区火灾评估及防控信息化技术

序号	企业名称	危险化学品	储量(t)	危险源物理性质	危险源化学性质
1	企业1	盐酸	90	液体	腐蚀性物质
		硫酸	57	液体	腐蚀性、毒性、氧化性物质及有机过氧化物
2	企业2	电石	400	易燃固体	—
		双环戊二烯	588	易燃固体	毒性物质
		挂式四氢双环戊二烯	140	易燃固体	毒性物质
		过氧化氢	120	液体	氧化性物质及有机过氧化物
		乙醇	39.5	易燃液体	毒性物质
		甲苯	87	易燃液体	毒性物质
		硫酸	460	液体	腐蚀性、毒性、氧化性物质及有机过氧化物
		氢氧化钾	520	固体	腐蚀性物质
		三氯化铝	580	固体	腐蚀性、毒性物质
		三氯甲烷	6	液体	毒性物质
3	企业3	丙酮	504.8	易燃液体	毒性物质
		氢氧化钾	200	固体	腐蚀性物质
		甲苯	100.485	液体	毒性物质
		硫酸	65	液体	腐蚀性、毒性、氧化性物质及有机过氧化物
		雷尼镍	6	易燃固体	—
4	企业4	硫酸	0.03	液体	腐蚀性、毒性、氧化性物质及有机过氧化物
		氢氧化钠	0.01	固体	腐蚀性物质
		氢氧化钾90%片状	3.4	固体	腐蚀性物质
		金刚烷基三甲基氢氧化铵	6.031	固体	—

续表4－3

序号	企业名称	危险化学品	储量（t）	危险源物理性质	危险源化学性质
4	企业4	醋酸铜	0.041	固体	毒性物质
		乙醇	5	易燃液体	毒性物质
		甲醇	12	易燃液体	毒性物质
		甲酸	54	易燃液体	腐蚀性、毒性物质
		甲苯	40	易燃液体	毒性物质
		甲醛	40	易燃气体	毒性物质
		碳酸二甲酯	50	易燃液体	—
		氢氧化钠（液碱）	50	液体	腐蚀性物质
		稀硫酸	50	液体	腐蚀性、毒性、氧化性物质及有机过氧化物
		轻柴油	30	易燃液体	—
5	企业5	甲醇	32	易燃液体	毒性物质
		三氯甲烷	16	液体	毒性物质
		石油醚	10	易燃液体	毒性物质
		丙酮	5	易燃液体	毒性物质
		盐酸	10	液体	腐蚀性物质
		氢氧化钠	10	固体	腐蚀性物质
		硼氢化钠	0.5	易燃固体	腐蚀性、毒性物质
		三氯化铝	1.5	固体	腐蚀性、毒性物质
		三乙胺	2	易燃液体	腐蚀性物质

表4－4　园区D内部各工厂危化品储量和物化性质统计

序号	企业名称	危险化学品	储量（t）	危险源物理性质	危险源化学性质
1	企业1	液氨	6138	易燃液体	毒性物质
		甲醇	2532.48	易燃液体	毒性物质
		苯胺	28.8	易燃液体	毒性物质
		异丙胺	100	易燃液体	毒性物质

序号	企业名称	危险化学品	储量（t）	危险源物理性质	危险源化学性质
1	企业1	乙二胺	359.6	易燃液体	腐蚀性物质
		液氯	557.84	液体	毒性、氧化性物质及有机过氧化物
		三氯化磷	1259.2	液体	腐蚀性、毒性物质
		双氧水	144.4	液体	氧化性物质及有机过氧化物
		甲醛	0.5415	易燃气体	毒性物质
		液碱	5325	液体	腐蚀性物质
		硫酸	3680	液体	腐蚀性、毒性、氧化性物质及有机过氧化物
		盐酸	480	液体	腐蚀性物质
		固体氰化钠	7500	固体	毒性物质
2	企业2	液氨	102.3	易燃液体	毒性物质
		氯甲烷	91.5	易燃气体	毒性物质
		氯乙烷	267	易燃气体	毒性物质
		三氯化磷	787	液体	腐蚀性、毒性物质
		丙烯醛	83.9	易燃液体	毒性物质
		硝酸	141	液体	腐蚀性物质
3	企业3	甲醇	15800	易燃液体	毒性物质
4	企业4	液氨	15345	易燃液体	毒性物质
5	企业5	LNG	8400	易燃液体	—
		乙烯	35.2	易燃气体	—
		丙烷	23.21	易燃气体	—
		异戊烷	31.68	易燃气体	—
6	企业6	异丙胺	8	易燃液体	毒性物质
		过氧化氢	25	液体	氧化性物质及有机过氧化物
		次氯酸钠	21	固体	氧化性物质及有机过氧化物
		轻质碳酸钙	32	固体	—
		氢氧化钾	13	固体	腐蚀性物质

序号	企业名称	危险化学品	储量（t）	危险源物理性质	危险源化学性质
6	企业6	碳酸钠	40	固体	—
		片碱	40	固体	腐蚀性物质
		硫酸铵	60	易燃固体	—
		氯化铵	60	固体	毒性物质
		稻瘟灵	120	固体	毒性物质
		双甘膦	200	固体	腐蚀性物质
		氯乙酸	50	易燃固体	毒性物质
		三氯化磷	157	固体	腐蚀性、毒性物质
		氰化钠	120	固体	毒性物质
		硫酸	134	液体	腐蚀性、毒性、氧化性物质及有机过氧化物
		盐酸	314	液体	腐蚀性物质
		液碱	60	液体	腐蚀性物质
		异丙醇	78.63	易燃液体	—
		二甲苯	43	易燃液体	毒性物质
		甲醇	35	易燃液体	毒性物质
		液氨	60	易燃液体	毒性物质
		液氧	114.1	液体	腐蚀性、氧化性物质及有机过氧化物
7	企业7	甲醇	367.21	易燃液体	毒性物质
		苯酚	496.944	易燃液体	腐蚀性、毒性物质
		二甲苯	54.498	易燃液体	毒性物质
		正癸烷	45.57	易燃液体	—
		稀硫酸	537.28	液体	腐蚀性、毒性、氧化性物质及有机过氧化物
		异丁烯	34.734	易燃液体	—
		液碱	494.16	液体	腐蚀性物质
		液氧	71.45	液体	腐蚀性、氧化性物质及有机过氧化物
		甲醇	2	易燃液体	毒性物质

工业园区火灾评估及防控信息化技术

续表4—4

序号	企业名称	危险化学品	储量（t）	危险源物理性质	危险源化学性质
7	企业7	氢氧化钾	40	液体	腐蚀性物质
		对甲苯磺酸	40	易燃固体	腐蚀性物质
8	企业8	苯乙烯	21.7	易燃液体	毒性物质
		1—醋酸乙烯酯	2.71	易燃液体	毒性物质
9	企业9	硫酸	216	液体	腐蚀性、毒性、氧化性物质及有机过氧化物
		23％氨水	327	易燃液体	毒性物质
		甲醇	230	易燃液体	毒性物质
		甲醛	230	易燃气体	毒性物质
		异丁醛	230	易燃液体	毒性物质
		乙酸乙酯	47	易燃液体	毒性物质
		液碱	48	液体	腐蚀性物质
		三乙胺	47	易燃液体	腐蚀性物质
		氰化钠	40	固体	毒性物质
10	企业10	乙酸乙酯	8	易燃液体	毒性物质
		乙酸丁酯	20	易燃液体	毒性物质
		叔丁醇	15	易燃固体	毒性物质
		异丙醇	20	易燃液体	毒性物质
		三乙胺	3	易燃液体	腐蚀性物质
		盐酸	10	液体	腐蚀性物质
		磷酸	3	固体	腐蚀性物质
		丁酮	20	易燃液体	毒性物质
		过氧化氢	3	液体	氧化性物质及有机过氧化物
		氢氧化钠	5	固体	腐蚀性物质
		氢氧化钾	5	固体	腐蚀性物质
11	企业11	甲醇	31.6	易燃液体	毒性物质
		乙醇	47.6	易燃液体	毒性物质
		氯甲烷	65.2	易燃气体	毒性物质
		盐酸	38.5	液体	腐蚀性物质

74

序号	企业名称	危险化学品	储量（t）	危险源物理性质	危险源化学性质
11	企业11	亚硝酸异丁酯	10.5	易燃液体	毒性物质
		丙酰氯	10.25	易燃液体	腐蚀性物质
		三乙胺	6.5	易燃液体	腐蚀性物质
		乙酸乙酯	7	易燃液体	毒性物质
		甲苯	11.15	易燃液体	毒性物质
		丙酮	8	易燃液体	毒性物质
		溴乙烷	10.34	易燃液体	—
		苯甲酰氯	1.5	液体	腐蚀性物质
		氢氧化钠	5	液体	腐蚀性物质
		二甲基乙酰胺	9.6	易燃液体	毒性物质
		氢氧化钾	12.5	固体	腐蚀性物质
12	企业12	次氯酸钠	20	固体	氧化性物质及有机过氧化物
13	企业13	甲醛	0.16245	易燃气体	毒性物质

表 4－5　园区 E 内部各工厂危化品储量和物化性质统计

序号	企业名称	危险化学品	储量（t）	危险源物理性质	危险源化学性质
1	企业1	液氧	4287	液体	腐蚀性、氧化性物质及有机过氧化物
		医用氧	142.9	液体	腐蚀性、氧化性物质及有机过氧化物
		高纯氧	142.9	液体	腐蚀性、氧化性物质及有机过氧化物
2	企业2	乙炔	2	易燃气体	—
		氢气	1	易燃气体	—
		雷尼镍	1	易燃固体	—
		丙酮	86.4	易燃液体	毒性物质
		丁酮	43.74	易燃液体	毒性物质
		甲基异丁基酮	43.2	易燃液体	毒性物质
		甲异戊基酮	43.96	易燃液体	毒性物质
		二甲苯	47.52	易燃液体	毒性物质
		双环戊二烯	176.22	易燃固体	毒性物质

将园区危化品储量作为化工园区危险源辨识安全指标 A，不同种类危化品的物化性作为安全指标细化要素，包括气体 A1、易燃液体 A2、易燃固体 A3、氧化性物质及有机过氧化物 A4、毒性物质 A5、腐蚀性物质 A6，分别统计园区各要素总储量，如表 4-6～表 4-10 所示。

表 4-6　园区 A 危险源辨识安全指标各要素总储量汇总

安全评价指标	气体（万吨）	易燃液体（万吨）	易燃固体（百吨）	氧化性物质及有机过氧化物（千吨）	毒性物质（十吨）	腐蚀性物质（吨）
园区 A 危化品储量	0.246	0.832	2.223	0.808	1267.025	2540.11

表 4-7　园区 B 危险源辨识安全指标各要素总储量汇总

安全评价指标	气体（万吨）	易燃液体（万吨）	易燃固体（百吨）	氧化性物质及有机过氧化物（千吨）	毒性物质（十吨）	腐蚀性物质（吨）
园区 B 危化品储量	0.394	20.998	11.36	6.168	11182.071	815.2

表 4-8　园区 C 危险源辨识安全指标各要素总储量汇总

安全评价指标	气体（万吨）	易燃液体（万吨）	易燃固体（百吨）	氧化性物质及有机过氧化物（千吨）	毒性物质（十吨）	腐蚀性物质（吨）
园区 C 危化品储量	0.004	0.106	11.345	0.874	308.476	2406.87

表 4-9　园区 D 危险源辨识安全指标各要素总储量汇总

安全评价指标	气体（万吨）	易燃液体（万吨）	易燃固体（百吨）	氧化性物质及有机过氧化物（千吨）	毒性物质（十吨）	腐蚀性物质（吨）
园区 D 危化品储量	0.0744	5.124	1.65	5.524	5813.672	15154.984

表 4-10　园区 E 危险源辨识安全指标各要素总储量汇总

安全评价指标	气体（万吨）	易燃液体（万吨）	易燃固体（百吨）	氧化性物质及有机过氧化物（千吨）	毒性物质（十吨）	腐蚀性物质（吨）
园区 E 危化品储量	0.0003	0.0264	1.772	4.572	44.104	4572.8

4.3.2　五个化工园区安全风险等级

根据《化工园区安全风险排查治理导则（试行）》中的化工园区安全风险排查治理检查，对五个化工园区进行检查，如表 4-11 所示。

表 4—11　五个化工园区安全风险排查治理检查

序号	要素	排查内容	评分标准	园区 A 分值 E_i	园区 B 分值 E_i	园区 C 分值 E_i	园区 D 分值 E_i	园区 E 分值 E_i
1	设立 15 分	（1）化工园区应整体规划，集中布置，化工园区内不应有居民居住	0分：无整体规划，或化工园区内有居民居住 1分：整体规划，但未集中布置 5分：符合要求	0	5	0	0	0
		（2）化工园区应符合国家、区域、省和设区的市产业布局规划要求，在城乡总体规划确定的建设用地范围之内，符合国土空间规划	0分：不符合国家、区域、省和设区的市产业布局规划要求，或不在城乡总体规划确定的建设用地范围之内，或不符合国土空间规划 5分：符合要求	5	5	5	5	5
		（3）化工园区的设立应经省级以上人民政府认定，负责园区管理的当地人民政府应明确承担园区安全生产和应急管理职责的机构	0分：未经省级以上人民政府认定，或未明确承担园区安全生产和应急管理职责的机构 5分：符合要求	5	5	5	5	5
2	选址及规划 30 分	（4）化工园区应位于地方人民政府规划的专门用于危险化学品生产、储存的区域，符合化工园区所在地化工行业安全发展规划	0分：化工园区未位于危险化学品生产、储存合规的化工园区，或不符合所在地化工行业安全发展规划 5分：符合要求	3	3	5	5	5
		（5）化工园区选址应把安全放在首位，进行选址安全评估，化工园区与城市建成区、人口密集区、重要设施等防护目标之间保持足够的安全防护距离，留有适当的缓冲带，将化工园区安全与周边公共安全的相互影响降至可以接受	0分：未进行选址安全评估，或化工园区与城市建成区、人口密集区、重要设施等防护目标之间安全防护距离不满足要求 1分：进行了选址安全评估，化工园区与城市建成区、人口密集区、重要设施等防护目标之间安全防护距离满足要求；缓冲带小于 200 米（不含 200 米） 5分：符合要求	5	5	1	5	5

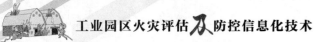

工业园区火灾评估及防控信息化技术

续表 4—11

序号	要素	排查内容	评分标准	园区A 分值 E_i	园区B 分值 E_i	园区C 分值 E_i	园区D 分值 E_i	园区E 分值 E_i
2	选址及规划 30分		3分：进行了选址安全评估，化工园区与城市建成区、人口密集区、重要设施等防护目标之间安全防护距离满足要求，缓冲带为200~500米（不含500米）；5分：进行了选址安全评估，化工园区与城市建成区、人口密集区、重要设施等防护目标之间安全防护距离满足要求，缓冲带大于等于500米					
		（6）化工园区应编制《化工园区总体规划》《化工园区产业规划》和《化工园区总体规划》应包含安全生产和综合防灾减灾规划章节	0分：未编制《化工园区总体规划》，或《化工园区总体规划》无安全生产和综合防灾减灾规划章节；5分：符合要求	5	5	5	5	5
		（7）化工园区安全生产管理机构应至少每五年开展一次整体性安全风险评估，评估安全风险，提出消除、降低、管控安全风险的对策措施	0分：未按照规定要求开展化工园区整体性安全风险评估；5分：符合要求	5	5	5	5	5
		（8）化工园区安全生产管理机构应依据安全风险评估结果和相关法规标准的要求，划定化工园区周边土地规划安全控制线，并报送化工园区所在地设区的市级和县级地方人民政府规划主管部门、应急管理部门	0分：未设置化工园区周边土地规划安全控制线；1分：设置了化工园区周边土地规划安全控制线，但未报送；5分：符合条件	5	5	5	5	5
		（9）化工园区所在地人民政府规划主管部门的市级和县级地方化工园区周边土地开发利用、土地规划安全控制线范围内的开发建设项目应经过安全风险评估，满足安全风险控制要求	0分：土地规划安全控制线范围内的开发建设项目未经过安全风险评估，不满足安全风险控制要求；5分：符合要求	5	5	5	5	5

续表 4—11

序号	要素	排查内容	评分标准	园区 A 分值 E_i	园区 B 分值 E_i	园区 C 分值 E_i	园区 D 分值 E_i	园区 E 分值 E_i
		(10) 化工园区应综合考虑主导风向，地势高低落差，企业装置之间的相互影响，产品类别，生产工艺，物料互供等因素，合理布置公用设施保障，合理布局与化工园区功能分区。劳动力密集型的非化工企业不得与化工企业混建在同一化工园区区内	0分：劳动力密集型的非化工企业与化工企业混建在同一化工园区区内 1分：功能分区不严格执行国家相关标准、功能分区不合理 5分：符合要求	5	1	1	1	5
3	园区内布局 20分	(11) 化工园区行政办公、生活服务区应相互分离，布置在化工园区边缘或化工园区外；消防站，应急响应中心，医疗救护应有利于应急救援的快速响应需要，并与涉及爆炸物、液化易燃气体、毒性气体的装置或设施保持足够的安全距离	0分：行政办公、生活服务区等人员集中场所与生产功能区未相互分离，或消防站，应急响应中心，医疗救护站等重要应急救援设施的布置不能满足应急救援的快速响应需要 1分：行政办公、生活服务区等人员集中场所与生产功能区未相互分离，但布置在化工园区边缘或化工园区外；消防站，应急响应中心，医疗救护站应急救援的布置满足应急救援的快速响应需要，但受涉及爆炸物、易燃气体、毒性气体影响，未采取有效防护措施 3分：行政办公、生活服务区相互分离，且布置在化工园区边缘或化工园区外；消防站，应急响应中心，医疗救护站应急救援的布置满足应急救援的快速响应需要，但受涉及爆炸物、易燃气体、毒性气体影响，采取了有效防护措施 5分：符合要求	3	1	3	3	5

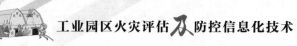

续表4—11

序号	要素	排查内容	评分标准	园区A 分值 E_i	园区B 分值 E_i	园区C 分值 E_i	园区D 分值 E_i	园区E 分值 E_i
3	园区内布局20分	(12) 化工园区整体性安全风险评估应结合国家有关法律法规和标准规范要求，评估化工园区布局的安全性和合理性，对多米诺效应进行分析，提出安全风险防范措施，降低区域安全风险，避免多米诺效应	0分：未进行多米诺效应分析 1分：进行了多米诺效应分析，但未对化工园区布局的安全性和合理性提出分析，提出安全风险防范措施，未提出安全风险防范措施意见，未提出安全风险防范条件 5分：符合条件	5	1	5	1	5
		(13) 在安全条件审查时，危险化学品建设项目应对提交的安全评价报告与周边项目的相互影响进行多米诺效应分析，优化平面布局	0分：危险化学品建设项目安全评价报告未进行多米诺效应分析 1分：危险化学品建设项目安全评价报告对多米诺效应进行了分析，对优化平面布局未提出建议措施 5分：符合要求	1	1	5	1	5
4	准入和退出25分	(14) 化工园区应严格根据《化工园区总体规划》和《化工园区产业发展指引》，制定适应区域发展特点、地方实际的《化工园区产业发展指引》目录	0分：未制定《化工园区产业发展指引》和"禁限控"目录 1分：《化工园区产业发展指引》和"禁限控"目录未明确产业类别、生产能力、工艺水平等关键指标 5分：符合要求	5	5	5	1	5
		(15) 化工园区的项目准入应有利于形成相对完整的"上中下游"产业，实现化工园区内资源的有效配置和充分利用	0分：近5年化工园区的准入项目与化工园区"上中下游"产业主导产业无关 1分：近5年化工园区的准入项目与化工园区"上中下游"产业链和主导产业有一定关联性 5分：符合要求	5	5	5	5	1

续表4—11

序号	要素	排查内容	评分标准	园区 A 分值 E_i	园区 B 分值 E_i	园区 C 分值 E_i	园区 D 分值 E_i	园区 E 分值 E_i
4	准入和退出 25分	(16) 化工园区内危险化学品建设项目应由具有相关工程设计资质的单位设计；涉及"两重点一重大"（重点监管化工工艺、重点监管的危险化学品、危险化学品重大危险源）装置的专业管理人员应具有大专以上学历、操作人员应具有高中以上文化程度，企业特种作业人员应持证上岗，并建设身份识别系统，加强对证件有效性和特种作业人员身份的管理	0分：化工园区内危险化学品建设项目未由具有相关工程设计资质的单位设计，或涉及"两重点一重大"装置的专业管理人员不具有大专以上学历，或操作人员不具有高中以上文化程度、企业特种作业人员未持证上岗 5分：符合要求	5	5	5	0	5
		(17) 化工园区内凡存在重大事故隐患、生产工艺技术落后，不具备安全生产条件的企业，责令停产整顿、整改无望或整改后仍不能达到要求的企业，应依法予以关闭	0分：存在重大事故隐患、生产工艺技术落后，不具备安全生产条件的企业，责令停产整顿、整改无望或整改后仍不能达到要求的企业 5分：符合要求	5	5	0	5	5
		(18) 化工园区应建立健全企业、承包商准入和退出机制，建立黑名单制度	0分：化工园区未建立机制，或未建立黑名单制度 1分：化工园区建立了企业、承包商准入和退出机制，建立了黑名单制度，但未有效运行并考核 5分：符合要求	5	5	5	5	5
5	配套功能设施 35分	(19) 化工园区供水水源应充足、可靠，满足消防用水的需求。化工园区配套建设企业和化工园区消防用水集中一集中供水设施和管网，生活、生产用水的水源的，应设置供消防车取水的天然水道和取水码头	0分：供水不能满足企业、生活、生产、消防用水的需求 1分：供水水源充足，化工园区未建设统一集中的供水设施和管网 3分：供水水源充足、可靠，化工园区建设了统一集中的供水设施和管网，建设了天然水源但附近有天然水源但未设置供消防车取水的消防车道和取水码头 5分：符合要求	5	5	5	5	5

81

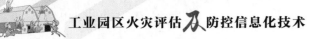
续表4—11

序号	要素	排查内容	评分标准	园区A分值 E_i	园区B分值 E_i	园区C分值 E_i	园区D分值 E_i	园区E分值 E_i
5	配套功能设施35分	(20) 化工园区应能保障双电源供电。供电应满足化工园区各企业和化工园区配套设施生产、生活和应急用电需求，电源可靠	0分：不能保障双电源供电 5分：符合条件	5	5	5	5	5
		(21) 化工园区公用管廊应满足《化工园区公共管廊管理规程》（GB/T 36762）要求	0分：未建设公用管廊 1分：建有公共管廊，但未按照《化工园区公共管廊管理规程》（GB/T 36762）要求建设 5分：符合要求	1	1	0	1	0
		(22) 化工园区应严格管控运输安全风险，运输车辆应运用物联网等先进技术对危险化学品运输车辆进行实时监控，实行专用车道和限速行驶等措施，由化工园区实施统一管理，科学调度，防止安全风险较大安全风险积聚。有危险化学品的化工园区应建设了危险化学品车辆专用停车场并严格管理	0分：未运用物联网等先进技术对危险化学品运输车辆进行实时监控，或有危险化学品车辆未建设危险化学品车辆专用停车场 3分：运用物联网等先进技术进行实时监控，但未实行专用车道，专用车道和限时限速行驶等措施，由化工园区实施统一管理，科学调度，防止安全风险较大安全风险积聚。有危险化学品的化工园区应建设了危险化学品车辆专用停车场，但未对危险化学品车辆专用停车场进行严格管理 5分：符合要求	0	0	0	0	3

序号	要素	排查内容	评分标准	园区 A 分值 E_i	园区 B 分值 E_i	园区 C 分值 E_i	园区 D 分值 E_i	园区 E 分值 E_i
		(23) 化工园区应按照"分类控制、分级管理、分步实施"要求，结合产业链结构、产业特点、安全风险管理型等实际情况，分区实行封闭化管理，建立完善门禁系统和视频监控系统，对易燃易爆、有毒有害化学品和危险废物等物料、人员、车辆进出实施全过程监管	0 分：未按照"分类控制、分级管理、分步实施"的要求，或未建立化工园区封闭化管控系统 1 分：实行化工园区封闭化管理，但未建立门禁系统和视频监控系统 3 分：实施封闭化管理并建立门禁系统和视频监控系统，但未对易燃易爆、有毒有害化学品和危险废物等物料、车辆进出实施出实施全过程监管 5 分：符合要求	1	5	1	0	1
5	配套功能设施 35 分	(24) 化工园区应按照有关法律法规和国家标准规范对产生的固体废物特别是危险废物全部进行安全处置，必要时建设配套的固体废物集中处置设施，并实行专业化管理，充分利用信息化等手段对危险废物产生量、流向、处置、转移等全链条实施风险监督和管理	0 分：未按照有关法律法规和国家标准规范对产生的固体废物特别是危险废物全部进行安全处置 3 分：对产生的固体废物特别是危险废物全部进行安全处置，但未充分利用信息化手段对危险废物种类、产生量、流向、贮存、处置和转移等全链条实施监督和管理 5 分：符合要求	5	5	5	5	5
		(25) 化工园区应配套建设满足化工园区需要、符合安全环保要求的污水处理设施；合理分析和估算需建设公共的事故废水量，根据需求规划建设化工园区应急池，确保化工园区事故废水发生时能满足废水处置要求	0 分：化工园区污水处理设施建设不满足化工园区需要或不符合安全环保要求；或未对化工园区安全事故废水进行合理分析和估算；或化工园区安全事故发生后，在化工园区事故废水发生时不能满足事故废水处置要求，未采取措施 5 分：符合要求	0	5	0	5	5

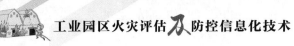

续表4—11

序号	要素	排查内容	评分标准	园区A 分值E_i	园区B 分值E_i	园区C 分值E_i	园区D 分值E_i	园区E 分值E_i
6	一体化安全管理及应急救援 40分	(26) 化工园区应实施安全生产与应急一体化管理，建立健全的联动机制，协调解决执法和应急救援之间的安全生产重大问题，统筹指挥化工园区的应急救援工作，指导企业落实安全生产主体责任，全面加强企业安全生产和应急管理工作	0分：未实施安全生产与应急一体化管理 5分：符合要求	5	5	5	5	5
		(27) 化工园区管委会应配备具有化工专业背景的负责人，并建立化工园区管委会领导带班制度，产业特点、整体安全风险状况，配备满足安全监管需要的人员，其中具有相关化工专业学历或化工安全生产实践经历的人员数量不低于安全监管人员的75%	0分：未配备具有相关化工专业学历或化工安全生产实践经历的专业监管人员；或化工园区管委会未配备具有化工专业背景的负责人 1分：配备了具有相关化工专业学历或化工安全生产实践经历的专业监管人员，但比例低于75%；或未建立化工园区管委会领导带班制度 5分：符合要求	1	0	5	1	5
		(28) 化工园区应按照国家有关要求，制定安全风险管控制度，定期对化工园区内企业进行安全风险分级，加强对红色、橙色安全风险的分析、评估、预警	0分：未按照国家有关要求对化工园区内企业进行安全风险分级，并制定红色、橙色安全风险分级进行分析、评估、预警 5分：符合要求	5	5	5	5	5

续表4—11

序号	要素	排查内容	评分标准	园区 A 分值 E_i	园区 B 分值 E_i	园区 C 分值 E_i	园区 D 分值 E_i	园区 E 分值 E_i
		(29) 化工园区应建设安全监管和应急救援信息平台，构建基础信息库和风险隐患数据库，至少应接入企业重大危险源（储罐区和库区）实时在线视频监控、安全仪表等异常报警数据，关键岗位监控，实现对化工园区内重点场所、重点设施在线监测、动态评估及时更新园区三维倾斜摄影模型，要建立园区三维基础信息；化工园区内企业边界及外界分布人数据接入上传至省、市级应急管理部门	0分：未建设平台；1分：建设了平台，但只有基础信息数据库，未接入其他相关数据；3分：建设了平台且能实现预警功能；5分：符合要求	1	0	3	1	1
6	一体化安全管理及应急救援 40 分	(30) 化工园区安全生产管理机构应制定总体应急预案及专项预案，并至少每2年组织1次安全事故应急演练	0分：未制定总体应急预案及专项预案，或未按要求组织安全事故应急演练；5分：符合要求	5	5	5	5	5
		(31) 化工园区应布点编制化工园区消防规划、消防站布局、化工园区消防面积，危险性、平面布局等因素综合考虑，参照不低于《城市消防站建设标准》中特勤消防站的标准进行建设，消防车种类、数量以及车载灭火药剂数量、装备器材、防护装具等应满足安全事故处置需要。化工园区应建设危险化学品专业应急救援队伍；或配备的消防化学事故处置需要，根据自身安全风险类型和实际需求，配套建设和气防医疗急救场所和气防站	0分：未建设化工园区消防站；1分：建设了化工园区消防站，但未按照《城市消防站建设标准》中特勤消防站建设；或未建有危险化学品专业应急救援队伍；或未配备的消防化学事故处置需要；5分：符合要求	1	0	1	1	1

续表4—11

序号	要素	排查内容	评分标准	园区A分值 E_i	园区B分值 E_i	园区C分值 E_i	园区D分值 E_i	园区E分值 E_i
6	一体化安全管理及应急救援 40分	(32) 化工园区应建立健全化工园区内企业及公共应急物资储备保障制度，统筹规划配备充足的应急物资装备	0分：未建立企业及公共应急物资储备保障制度，统筹规划配备充足的应急物资装备 5分：符合要求	5	5	5	5	5
		(33) 化工园区应加强对台风、雷电、洪水、泥石流、滑坡等有关灾害的监测和预警，并落实有关灾害的防范措施，防范因自然灾害引发危险化学品次生灾害	0分：未对台风、雷电、洪水、泥石流、滑坡等自然灾害进行监测和预警 3分：对台风、雷电、洪水、泥石流、滑坡等自然灾害进行监测和预警，但未落实有关灾害的防范措施 5分：符合要求	3	5	5	5	3
7		分值汇总		120	123	120	111	135

评分说明：

1. 评分时，对各排查内容按照各自对应的评分标准逐一进行评分。
2. 评分按照0—1—3—5评分制，其中，0分表示不符合规划要求或者未明确规划要求，1分表示与标准要求偏差较大，3分表示与标准要求存在部分偏差，5分表示符合要求。对具有二元选择性的排查内容，只设5分或0分。
3. 采用百分制进行评分，实际分值按如下公式计算：

$$Z = \frac{\sum_{i=1}^{n} E_i}{165} \times 100$$

式中，Z为化工园区实际分值，E_i为单项排查内容分值。
4. 化工园区存在以下情况，直接判定为高安全风险（A类）：
(1) 化工园区规划不符合当地总体规划要求或未明确规划要求（四至范围是指东、西、南、北四个方向的边界）。
(2) 化工园区未经依法认定。
(3) 化工园区未明确安全管理机构。
(4) 化工园区外部安全防护距离不符合标准要求。
(5) 化工园区内部安全布局不合理，企业之间经具有重大风险叠加或失控。
(6) 化工园区内存在在役化工装置未通过安全设计诊断的企业。
(7) 化工园区内存在涉及危险化工工艺的特种作业人员未取得相当于高中及以上学历的企业。

　　按照《化工园区安全风险排查治理导则（试行）》的相关规定，对化工园区进行评分，60 分以下（不含 60 分）为高安全风险（A 类），60～70 分（不含 70 分）为较高安全风险（B 类），70～85 分（不含 85 分）为一般安全风险（C 类），85 分及以上为较低安全风险（D 类）。由表 4-11 可知工业园区 $E_i = 100$，园区 A 实际分值 $Z = 72.73$，故园区 A 整体安全风险等级为一般安全风险（C 类）；园区 B 实际分值 $Z = 79.35$，故园区 B 整体安全风险等级为一般安全风险（C 类）；园区 C 实际分值 $Z = 77.42$，故园区 C 整体安全风险等级为一般安全风险（C 类）；园区 D 实际分值 $Z = 71.61$，故园区 D 整体安全风险等级为一般安全风险（C 类）；园区 E 实际分值 $Z = 87.10$，故园区 E 整体安全风险等级为较低安全风险（D 类）。

　　按照建立危险性化工园区安全评价指标体系的基本原则，结合已有的化工园区相关安全统计分析资料，考虑从表 4-11 中汇总出 4 个指标补充建立化工园区安全评价指标体系，分别为园区内规划安全指标 B（要素包括园区内布局），园区周边环境规划安全指标 C（要素包括设立、选址及规划），园区安全防护设备与措施安全指标 D（要素包括配套功能设施），化工园区管理与应急能力安全指标 E（要素包括准入和退出、一体化安全管理及应急救援）。

　　采用评分百分比的方式对各指标进行量化，如表 4-12 所示。

表 4-12　园区补充安全指标量化汇总

安全评价补充指标	园区内规划 B	园区周边环境规划 C	园区安全防护设备与措施 D	化工园区管理与应急能力 E
园区 A	0.70	0.84	0.49	0.78
园区 B	0.20	0.96	0.74	0.77
园区 C	0.70	0.80	0.46	0.83
园区 D	0.30	0.89	0.60	0.68
园区 E	1.00	0.89	0.69	0.78

　　综上所述，建立危险性化工园区安全评价指标体系，如图 4-5 所示。

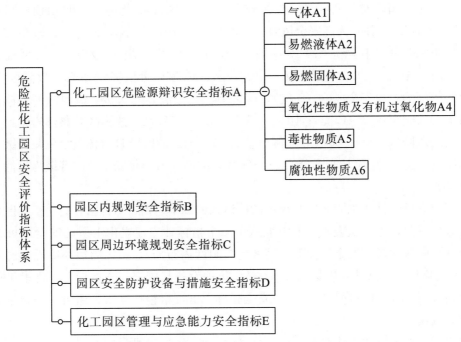

图 4-5　危险性化工园区安全评价指标体系

4.4　灰色聚类评估

　　为验证聚类评估的准确性及后续为算法学习提供样本，应用灰色聚类方法进行评估，查询文献得到 12 个化工园区安全评价样本，根据实际调查得到园区 A、园区 B、园区 C、园区 D、园区 E 安全评价样本。

　　对数据加权处理后，得到的样本 1~6 指标实际数值如表 4-13 所示，样本 7~12 指标实际数值如表 4-14 所示，样本园区 A、园区 B、园区 C、园区 D、园区 E 指标实际数值如表 4-15 所示。

表 4-13　样本 1~6 指标实际数值

评价指标	样　　本					
	1	2	3	4	5	6
气体（万吨）	11.6	6.42	12.7	8.43	7.51	0.92
易燃液体（万吨）	256.43	178.6	124	423.8	20	310
易燃固体（百吨）	6.4	3.6	2.7	9.9	4.3	5.4

续表4-13

评价指标	样 本					
	1	2	3	4	5	6
氧化性物质及有机过氧化物（千吨）	2.3	1.3	3.4	0.7	4.2	5.6
毒性物质（十吨）	440	6520	320	6150	4250	6380
腐蚀性物质（吨）	9300	4030	3430	1056	8403	6000
园区内规划	0.20	0.82	0.76	0.85	0.62	0.83
园区周边环境规划	0.85	0.22	0.44	0.79	0.68	0.39
园区安全防护设备与措施	0.17	0.25	0.53	0.48	0.73	0.81
化工园区管理与应急能力	0.72	0.81	0.78	0.80	0.23	0.75

表4-14 样本7～12指标实际数值

评价指标	样 本					
	7	8	9	10	11	12
气体（万吨）	3.4	9.1	1	12.8	1.2	4.3
易燃液体（万吨）	164	378.2	559	22.3	370	56
易燃固体（百吨）	8.37	8.8	5	3.9	10.5	3.6
氧化性物质及有机过氧化物（千吨）	4.2	5.6	3.5	2.1	3.9	4.6
毒性物质（十吨）	220	9275	468	440	7450	90
腐蚀性物质（吨）	4210	12700	4000	3000	9000	4300
园区内规划	0.76	0.54	0.27	0.84	0.51	0.81
园区周边环境规划	0.12	0.32	0.54	0.41	0.86	0.86
园区安全防护设备与措施	0.52	0.35	0.71	0.35	0.37	0.75
化工园区管理与应急能力	0.84	0.18	0.39	0.82	0.52	0.78

表4-15 样本园区A、园区B、园区C、园区D、园区E指标实际数值

评价指标	样 本				
	园区A	园区B	园区C	园区D	园区E
气体（万吨）	0.246	0.394	0.004	0.0744	0.0003
易燃液体（万吨）	0.832	20.998	0.106	5.124	0.0264
易燃固体（百吨）	2.223	11.36	11.345	1.65	1.772
氧化性物质及有机过氧化物（千吨）	0.808	6.168	0.874	5.524	4.572

评价指标	样本				
	园区A	园区B	园区C	园区D	园区E
毒性物质（十吨）	1267.025	11182.071	308.476	5813.672	44.104
腐蚀性物质（吨）	2540.11	815.2	2406.87	15154.984	4572.8
园区内规划	0.7	0.20	0.70	0.30	1.00
园区周边环境规划	0.84	0.96	0.80	0.89	0.89
园区安全防护设备与措施	0.49	0.74	0.46	0.60	0.69
化工园区管理与应急能力	0.78	0.77	0.83	0.68	0.78

根据化工园区安全评价指标体系中使用的各种安全规范，结合实际调查和专家打分，将类似规模化工园区的评价指标标准分为一级、二级、三级、四级、五级，安全程度由大到小依次递减，归纳出各个评价指标的标准，如表4－16所示。

表4－16　评价指标标准

评价指标	一级	二级	三级	四级	五级
气体（万吨）	0.0001	3.25	6.5	9.75	13
易燃液体（万吨）	0.02	50	100	150	200
易燃固体（百吨）	0.5	3	6	9	12
氧化性物质及有机过氧化物（千吨）	0.5	1.75	3.5	5.25	7
毒性物质（十吨）	20	2800	5600	8400	11200
腐蚀性物质（吨）	800	2000	5000	9000	16000
园区内规划	1	0.7	0.5	0.3	0.1
园区周边环境规划	1	0.7	0.5	0.3	0.1
园区安全防护设备与措施	1	0.7	0.5	0.3	0.1
化工园区管理与应急能力	1	0.7	0.5	0.3	0.1

对化工园区火灾爆炸影响因素进行灰色白化权函数变权聚类评估分析，对各类评价指标进行安全分级，实现该灰色系统的安全评估，具体步骤如下：

（1）给出聚类白化值 γ_{kj}。

化工园区火灾爆炸安全评价中，由于各个聚类指标的划分等级的区间大小不同，且量级有很大的差别，所以不能直接进行计算，需要采用无量纲化处理。化工园区评价指标实际数值（灰数）通过无量纲化处理后，得到评价指标量化值。有些评价指标越小，说明化工园区越安全，用式（4－25）计算；有些评价指标越大，说明化工园区越安全，用式（4－26）计算。

$$\gamma_{kj} = \frac{S_{kj}}{\frac{1}{n}\sum_{j=1}^{n} S_{kj}} \tag{4-25}$$

$$\gamma_{kj} = \frac{\frac{1}{S_{kj}}}{\frac{1}{n}\sum_{j=1}^{n} S_{kj}} \tag{4-26}$$

式中，S_{kj} 为第 j 个指标第 k 个灰类的灰数，γ_{kj} 为第 j 个指标第 k 个灰类的无量纲数，n 为化工园区火灾爆炸风险标准的等级数。

根据式（4-25）、（4-26）将各评价指标标准值的实际数值无量纲化，得到量化值。量化结果如表 4-17 所示。

表 4-17　评价指标标准量化值

评价指标	一级	二级	三级	四级	五级
气体	0.00002	0.500	1.000	1.500	2.000
易燃液体	0.002	0.500	1.000	1.500	2.000
易燃固体	0.082	0.492	0.984	1.475	1.967
氧化性物质及有机过氧化物	0.139	0.486	0.972	1.458	1.944
毒性物质	0.004	0.500	0.999	1.499	1.999
腐蚀性物质	0.122	0.305	0.762	1.372	2.439
园区内规划	0.282	0.402	0.563	0.938	2.815
园区周边环境规划	0.282	0.402	0.563	0.938	2.815
园区安全防护设备与措施	0.282	0.402	0.563	0.938	2.815
化工园区管理与应急能力	0.282	0.402	0.563	0.938	2.815

根据式（4-25）、（4-26）量化样本 1~6，样本 7~12，样本园区 A、园区 B、园区 C、园区 D、园区 E 各评价指标实际数值。量化结果如表 4-18~表 4-20 所示。

表 4-18　样本 1~6 指标量化值

评价指标	样　　本					
	1	2	3	4	5	6
气体	2.46	1.36	2.70	1.79	1.59	0.20
易燃液体	1.51	1.05	0.73	2.49	0.12	1.82
易燃固体	1.08	0.61	0.46	1.67	0.73	0.91
氧化性物质及有机过氧化物	0.66	0.37	0.97	0.20	1.20	1.60
毒性物质	0.12	1.83	0.09	1.72	1.19	1.79

评价指标	样 本					
	1	2	3	4	5	6
腐蚀性物质	1.67	0.72	0.61	0.19	1.50	1.07
园区内规划	2.42	0.59	0.64	0.57	0.79	0.58
园区周边环境规划	0.54	2.08	1.04	0.58	0.67	1.17
园区安全防护设备与措施	2.59	1.79	0.84	0.93	0.61	0.55
化工园区管理与应急能力	0.76	0.67	0.70	0.68	2.35	0.73

表4-19 样本7~12指标量化值

评价指标	样 本					
	7	8	9	10	11	12
气体	0.72	1.93	0.21	2.72	0.25	0.91
易燃液体	0.96	2.32	3.29	0.13	2.18	0.33
易燃固体	1.41	1.48	0.84	0.66	1.77	0.61
氧化性物质及有机过氧化物	1.20	1.60	1.00	0.60	1.12	1.32
毒性物质	0.06	2.60	0.13	0.12	2.09	0.03
腐蚀性物质	0.75	2.27	0.72	0.54	1.61	0.77
园区内规划	0.64	0.90	1.83	0.58	0.96	0.60
园区周边环境规划	3.82	1.43	0.85	1.12	0.53	0.53
园区安全防护设备与措施	0.85	1.29	0.62	1.28	1.20	0.59
化工园区管理与应急能力	0.65	3.06	1.41	0.67	1.05	0.70

表4-20 样本园区A、园区B、园区C、园区D、园区E指标量化值

评价指标	样 本				
	园区A	园区B	园区C	园区D	园区E
气体	0.06	0.10	0.001	0.02	0.0001
易燃液体	0.01	0.31	0.002	0.07	0.0004
易燃固体	0.47	2.39	2.39	0.35	0.37
氧化性物质及有机过氧化物	0.24	1.83	0.26	1.64	1.36
毒性物质	0.93	8.25	0.23	4.29	0.03
腐蚀性物质	0.47	0.15	0.45	2.82	0.85
园区内规划	0.69	2.42	0.69	1.61	0.48
园区周边环境规划	0.55	0.48	0.57	0.52	0.52

评价指标	样　本				
	园区 A	园区 B	园区 C	园区 D	园区 E
园区安全防护设备与措施	0.91	0.60	0.97	0.74	0.65
化工园区管理与应急能力	0.70	0.71	0.66	0.81	0.69

（2）构造白化权函数 $f_j^k(\cdot)$。

典型白化权函数记为 $f_j^k[x_j^k(1), x_j^k(2), x_j^k(3), x_j^k(4)]$，根据化工园区火灾爆炸评价指标量化值以及专家调查意见，构造出所有评价指标的白化权函数：

气体：$f_1^1[-, -, 0.0001, 0.679]$，$f_1^2[0.00001, 0.679, -, 1.358]$，$f_1^3[0.679, 1.358, -, 2.038]$，$f_1^4[1.358, 2.038, -, 2.717]$，$f_1^5[2.038, 2.717, -, -]$。

易燃液体：$f_2^1[-, -, 0.0002, 0.822]$，$f_2^2[0.0002, 0.822, -, 1.645]$，$f_2^3[0.822, 1.645, -, 2.467]$，$f_2^4[1.645, 2.467, -, 3.289]$，$f_2^5[2.467, 3.289, -, -]$。

易燃固体：$f_3^1[-, -, 0.278, 0.688]$，$f_3^2[0.278, 0.688, -, 1.097]$，$f_3^3[0.688, 1.097, -, 1.506]$，$f_3^4[1.097, 1.506, -, 1.915]$，$f_3^5[1.506, 1.915, -, -]$。

氧化性物质及有机过氧化物 $f_4^1[-, -, 0.201, 0.592]$，$f_4^2[0.201, 0.592, -, 0.984]$，$f_4^3[0.592, 0.984, -, 1.375]$，$f_4^4[0.984, 1.375, -, 1.767]$，$f_4^5[1.375, 1.767, -, -]$。

毒性物质：$f_5^1[-, -, 0.012, 0.793]$，$f_5^2[0.012, 0.793, -, 1.574]$，$f_5^3[0.793, 1.574, -, 2.355]$，$f_5^4[1.574, 2.355, -, 3.136]$，$f_5^5[2.355, 3.136, -, -]$。

腐蚀性物质：$f_6^1[-, -, 0.146, 0.788]$，$f_6^2[0.146, 0.788, -, 1.430]$，$f_6^3[0.788, 1.430, -, 2.072]$，$f_6^4[1.430, 2.072, -, 2.714]$，$f_6^5[2.072, 2.714, -, -]$。

园区内规划：$f_7^1[-, -, 0.484, 0.968]$，$f_7^2[0.484, 0.968, -, 1.453]$，$f_7^3[0.968, 1.453, -, 1.937]$，$f_7^4[1.453, 1.937, -, 2.421]$，$f_7^5[1.937, 2.421, -, -]$。

园区周边环境规划：$f_8^1[-, -, 0.479, 1.314]$，$f_8^2[0.479, 1.314, -, 2.149]$，$f_8^3[1.314, 2.149, -, 2.983]$，$f_8^4[2.149, 2.983, -, 3.818]$，$f_8^5[2.983, 3.818, -, -]$。

园区安全防护设备与措施：$f_9^1[-, -, 0.549, 1.058]$，$f_9^2[0.549, 1.058, -, 1.568]$，$f_9^3[1.058, 1.568, -, 2.077]$，$f_9^4[1.568, 2.077, -, 2.586]$，$f_9^5[2.077, 2.586, -, -]$。

化工园区管理与应急能力：$f_{10}^1[-, -, 0.651, 1.254]$，$f_{10}^2[0.651, 1.254, -, 1.857]$，$f_{10}^3[1.254, 1.857, -, 2.460]$，$f_{10}^4[1.857, 2.460, -, 3.063]$，$f_{10}^5[2.460, 3.063, -, -]$。

（3）确定白权化函数临界值 λ_j^k。

对于 $f_j^k[x_j^k(1), x_j^k(2), x_j^k(3), x_j^k(4)]$ 型 j 指标 k 子类白化权函数，令

$$\lambda_j^k = \frac{1}{2}[x_j^k(2) + x_j^k(3)] \tag{4－27}$$

对于 $f_j^k[-, -, x_j^k(3), x_j^k(4)]$ 型 j 指标 k 子类白化权函数，令 $\lambda_j^k = x_j^k(3)$。

对于 $f_j^k[x_j^k(1), x_j^k(2), -, x_j^k(4)]$ 型和 $f_j^k[x_j^k(1), x_j^k(2), -, -]$ 型 j 指标 k 子类白化权函数，令 $\lambda_j^k = x_j^k(2)$。

工业园区火灾评估及防控信息化技术

（4）计算聚类权重 η_j^k。

设 λ_j^k 为 j 指标 k 子类白权化函数临界值，则称

$$\eta_j^k = \frac{\lambda_j^k}{\sum_{j=1}^m \lambda_j^k} \qquad (4-28)$$

为 j 指标 k 子类的权。

根据式（4-28）以及所构造的白化权函数，得到各指标聚类权重，如表4-21所示。

表4-21 评价指标聚类权重值

评价指标	一级	二级	三级	四级	五级
气体	0.0001	0.114	0.125	0.119	0.085
易燃液体	0.0001	0.114	0.125	0.119	0.085
易燃固体	0.056	0.112	0.123	0.117	0.083
氧化性物质及有机过氧化物	0.094	0.111	0.122	0.116	0.082
毒性物质	0.002	0.114	0.125	0.119	0.085
腐蚀性物质	0.083	0.069	0.096	0.109	0.103
园区内规划	0.191	0.092	0.071	0.075	0.119
园区周边环境规划	0.191	0.092	0.071	0.075	0.119
园区安全防护设备与措施	0.191	0.092	0.071	0.075	0.119
化工园区管理与应急能力	0.191	0.092	0.071	0.075	0.119

（5）求聚类系数。

设 x_{ij} 为对象 i 关于指标 j 的观测值，$f_j^k(\cdot)$ 为 j 指标 k 子类白化权函数，η_j^k 为 j 指标 k 子类的权，则称

$$\sigma_i^k = \sum_{j=1}^m f_j^k(x_{ij}) \cdot \eta_j^k \qquad (4-29)$$

为对象 i 属于灰类 k 的灰色变权聚类系数。

根据白化权函数和各样本每个等级聚类系数，并根据式（4-29）对各样本计算聚类系数，结果如表4-22所示。

表4-22 评价指标聚类结果

样　本	等　级					
	Ⅰ	Ⅱ	Ⅲ	Ⅳ	Ⅴ	计算值
1	0.531	0.540	0.534	0.532	0.536	Ⅱ
2	0.469	0.417	0.429	0.436	0.439	Ⅰ
3	0.491	0.580	0.603	0.600	0.553	Ⅲ

样　　本	等　　级					
	I	II	III	IV	V	计算值
4	0.239	0.248	0.241	0.239	0.244	II
5	0.412	0.359	0.343	0.342	0.365	I
6	0.347	0.353	0.362	0.362	0.346	III
7	0.539	0.423	0.426	0.437	0.461	I
8	0.601	0.628	0.624	0.618	0.608	II
9	0.411	0.425	0.436	0.444	0.446	V
10	0.375	0.427	0.439	0.439	0.421	IV
11	0.474	0.504	0.500	0.496	0.491	II
12	0.295	0.381	0.424	0.425	0.358	IV
园区 A	0.308	0.246	0.241	0.248	0.274	I
园区 B	0.381	0.477	0.489	0.475	0.416	III
园区 C	0.369	0.294	0.290	0.295	0.312	I
园区 D	0.326	0.236	0.248	0.262	0.279	I
园区 E	0.145	0.130	0.134	0.131	0.115	I

（6）聚类评估。

由聚类系数最大化原则，若 $\max\limits_{1 \leqslant k \leqslant s}\{\sigma_i^k\} = \sigma_i^{k^*}$，则判定对象 i 属于灰类 k^*。

由聚类评估分析可知，样本 2、样本 5、样本 7、园区 A、园区 C、园区 D、园区 E 安全性最好，样本 9 安全性最差，样本 1、样本 4、样本 8、样本 11 安全性较好，样本 10、样本 12 安全性较差，样本 3、样本 6、园区 B 安全性中等。

参考文献

[1] 刘思峰，杨英杰，吴利丰. 灰色系统理论及其应用 [M]. 北京：科学出版社，2014.

[2] 汤天明，管义能，王国斌，等. 武汉青山长江公路大桥施工阶段安全风险评估 [J]. 桥梁建设，2020，50（S1）：38-43.

[3] 党耀国. 灰色预测与决策模型研究 [M]. 北京：科学出版社，2009.

[4] 王化中，强凤娇，贺宝成. 基于改进的中心点三角白化权函数灰评估新方法 [J]. 统计与决策，2014（8）：69-72.

[5] 李志亮，罗芳，张天津. 一种基于多层次分析和熵权的灰色聚类评价方法 [J]. 延边大学学报（自然科学版），2017，43（4）：321-326.

[6] 蓝燕金，简文彬，罗金妹，等. 基于灰色定权聚类模型的公路边坡水毁风险等级评价 [J]. 福州大学学报（自然科学版），2021（1）：101-107.

[7] 张树凯，刘正江，蔡垚，等. 综合安全评估的研究进展及展望 [J]. 哈尔滨工程大学学报，2021，

42 (1)：152－158.

[8] 徐东星，尹勇，张秀凤，等. 长江干线水上交通事故的灰色分析与预测 [J]. 中国航海，2019 (2)：59－65.

[9] 刘清漪，蒋琦玮，王梦缘. 基于熵权和灰色聚类模型的城市轨道交通外部效应研究 [J]. 铁道科学与工程学报，2018，15 (12)：3266－3273.

[10] 石振武，华树新. 基于灰色聚类法的季冻区公路绿色施工评价体系研究 [J]. 公路工程，2019，44 (2)：73－79.

第5章 基于神经网络的安全评价模型

5.1 人工神经网络算法

人工神经网络（Artificial Neural Network，ANN）采用物理上可实现的器件或计算机来模拟生物体中神经网络的某些结构和功能，并应用于工程实践。神经网络的着眼点不在于利用物理器件完整地复制生物体中的神经细胞网络，而是抽取其中可利用的部分来克服目前计算机或其他系统不能解决的问题，如学习、控制、识别和专家系统等。随着生物和认知科学的发展，人们对大脑的认识和了解越来越深入，神经网络必然会获得更加广阔的发展空间和应用范围。

人工神经网络算法部分基本流程如图5-1所示。

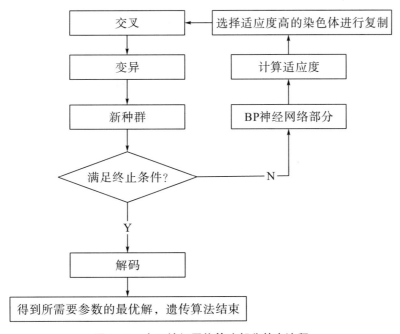

图5-1 人工神经网络算法部分基本流程

5.1.1 BP 神经网络概述

BP（Back Propagation）神经网络是一类多层前馈神经网络。它来源于网络训练的过程，用误差的向后传播的学习过程来调整网络权值的算法即 BP 学习算法。BP 神经网络是 Rumelhart 等人在 1986 年提出的，由于结构较为简单、训练算法多、可调整的参数多，同时具有良好的可操作性，所以获得了极为广泛的应用。据统计，有 $80\%\sim90\%$ 的神经网络模型都是采用了 BP 神经网络或者它的变形。BP 神经网络是前馈神经网络的核心部分，是神经网络中最精华、最完美的部分。BP 神经网络虽然是人工神经网络中应用最广泛的算法，但是也存在一些缺陷，如学习收敛速度太慢、不能保证收敛到全局最小点、网络结构不易确定等。

BP 神经网络的主要特点是信号向前传递，误差向后传播。在信号向前传递中，输入信号从输入层经隐含层逐层处理，直至输出层。每一层的神经元状态只影响下一层的神经元状态。如果输出层得不到期望输出，则转入误差向后传播，根据预测误差调整 BP 神经网络的权值和阈值，从而使 BP 神经网络预测输出不断逼近期望输出。BP 神经网络的拓扑结构如图 5-2 所示。

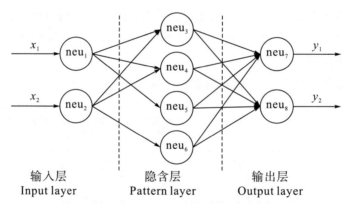

图 5-2　BP 神经网络的拓扑结构

5.1.2 神经元结构模型及标准 BP 神经网络学习规则

5.1.2.1 神经元结构模型

神经元是神经网络的基本处理单元，通常可以表现为多个输入、单个输出的非线性器件。神经元通用结构模型如图 5-3 所示。

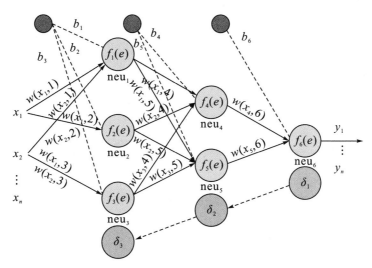

图 5-3　神经元通用结构模型

神经元的输出如下：

$$\begin{cases} \tau \dfrac{\mathrm{d}u_i}{\mathrm{d}t} = -u_i(t) + \sum w_{ij}x_j(t) - \theta_i \\ y_i(t) = f[u_i(t)] \end{cases} \tag{5-1}$$

式中，u_i 为神经元内部状态，θ_i 为阈值，x_j 为输入信号，w_{ij} 表示与神经元 x_j 连接的权值。

5.1.2.2　标准 BP 神经网络学习规则

在介绍三层 BP 神经网络的学习过程及步骤之前，先对各符号的形式及意义进行说明。

网络输入向量 $\boldsymbol{P}_k = (a_1, a_2, \cdots, a_n)$。

网络目标向量 $\boldsymbol{T}_k = (y_1, y_2, \cdots, y_n)$。

中间层单元输入向量 $\boldsymbol{S}_k = (s_1, s_2, \cdots, s_n)$，输出向量 $\boldsymbol{B}_k = (b_1, b_2, \cdots, b_n)$。

输出层单元输入向量 $\boldsymbol{L}_k = (l_1, l_2, \cdots, l_n)$，输出向量 $\boldsymbol{C}_k = (c_1, c_2, \cdots, c_n)$。

输入层至中间层连接的权值 $w_{ij}, i = 1, 2, \cdots, n, j = 1, 2, \cdots, p$。

中间层至输出层连接的权值 $v_{ij}, i = 1, 2, \cdots, n, j = 1, 2, \cdots, p$。

中间层各单元的输出阈值 $\theta_{ij}, i = 1, 2, \cdots, n, j = 1, 2, \cdots, p$。

输出层各单元的输出阈值 $\gamma_{ij}, i = 1, 2, \cdots, n, j = 1, 2, \cdots, p$。

参数 $k = 1, 2, \cdots, m$。

5.1.3　利用 BP 神经网络进行安全评价的优点及不足

BP 神经网络的优点如下：

（1）对于安全评价问题，模型通常具有非线性特性。BP 神经网络克服了其他安全评价方法的片面性，更适于系统多因素、多层次共同作用下安全状态的综合评价。

（2）利用BP神经网络进行安全评价的过程就是各网络参数（连接的权值、阈值）动态调整直至平衡的过程，这样的过程可以简化评价指标间的关系，提高运行效率。

（3）BP神经网络有比较好的容错性，当某个输入的安全评价指标有偏差时，对于网络输出的安全评价结果影响也较小。

BP学习算法的不足如下：

（1）学习速率固定，网络收敛速度慢，训练次数多，导致效率下降。可结合变化的学习速率对算法加以改进。

（2）易陷入局部极小点，这是因为标准BP算法采用了梯度下降法。可采用附加动量法来解决，或结合遗传算法或粒子群算法优化初始权值和阈值。

（3）网络的学习和记忆具有不稳定性，训练时学习新样本有忘记旧样本的趋势，对于以前的权值和阈值没有记忆性。可结合遗传算法等优化网络初始权值和阈值。

（4）隐含层节点数目前没有理论上的指导，网络学习效率往往不高，可能造成非线性模型的映射能力不足，或过度学习。

标准BP神经网络学习规则流程如图5-4所示。

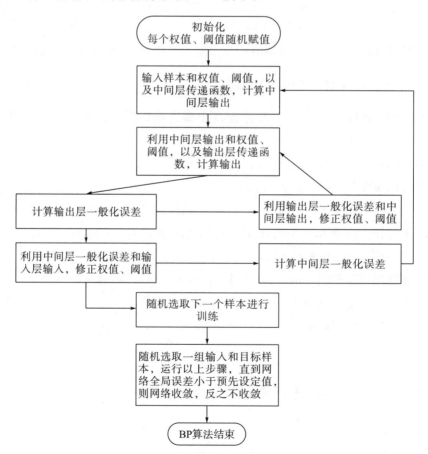

图5-4　标准BP神经网络学习规则流程

5.2　基于 BP 神经网络的化工园区火灾爆炸风险安全评价

5.2.1　获得 BP 神经网络训练样本

在对所收集的同等规模的 12 个化工园区样本及园区 A、园区 B、园区 C、园区 D、园区 E 样本运用灰色聚类分析方法评价后，得到如表 5-1 所示的 17 个评价样本指标安全状况。至此，训练神经网络的样本准备工作完成，开始训练网络，其中样本 1～12 用于测试网络，园区 A、园区 B、园区 C、园区 D、园区 E 样本用于检测网络训练结果。

表 5-1　评价指标聚类结果

样　　本	等　　级					
	Ⅰ	Ⅱ	Ⅲ	Ⅳ	Ⅴ	计算值
1	0.531	0.540	0.534	0.532	0.536	Ⅱ
2	0.469	0.417	0.429	0.436	0.439	Ⅰ
3	0.491	0.580	0.603	0.600	0.553	Ⅲ
4	0.239	0.248	0.241	0.239	0.244	Ⅱ
5	0.412	0.359	0.343	0.342	0.365	Ⅰ
6	0.347	0.353	0.362	0.362	0.346	Ⅲ
7	0.539	0.423	0.426	0.437	0.461	Ⅰ
8	0.601	0.628	0.624	0.618	0.608	Ⅱ
9	0.411	0.425	0.436	0.444	0.446	Ⅴ
10	0.375	0.427	0.439	0.439	0.421	Ⅳ
11	0.474	0.504	0.500	0.496	0.491	Ⅱ
12	0.295	0.381	0.424	0.425	0.358	Ⅳ
园区 A	0.308	0.246	0.241	0.248	0.274	Ⅰ
园区 B	0.381	0.477	0.489	0.475	0.416	Ⅲ
园区 C	0.369	0.294	0.290	0.295	0.312	Ⅰ
园区 D	0.326	0.236	0.248	0.262	0.279	Ⅰ
园区 E	0.145	0.130	0.134	0.131	0.115	Ⅰ

5.2.2 训练神经网络

(1) 设置神经网络参数。

由于目前神经网络在参数设定上并无系统性的理论支持，因此，本书结合前人经验和实测结果，得到以下神经网络输入参数。

算法参数：训练次数为150，学习速率为0.01，训练目标最小误差为0.001，显示频率为25，动量因子为0.01，最小性能梯度为10^{-6}，最高失败次数为1000。

神经网络输入参数：输入层神经元数目为10，隐含层神经元数目为4，输出层神经元数目为5，学习样本数为12，测试样本数为1。

(2) 神经网络 MATLAB 代码。

神经网络 MATLAB 代码见附录1。

(3) 训练结果。

BP 神经网络安全等级评定误差如图5-5所示。

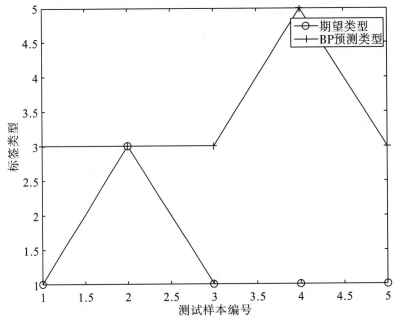

图5-5　BP 神经网络安全等级评定误差

BP 神经网络预测园区 B 样本时，安全等级与实际安全等级相同，预测准确率为20%，误差曲面梯度曲线如图5-6所示。

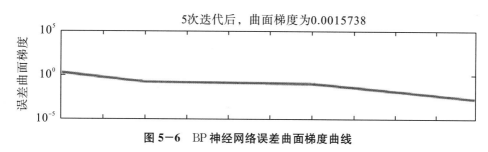

图 5-6　BP 神经网络误差曲面梯度曲线

（4）评价结果分析。

按照网络预测结果，可预测与现有安全评价得出的结论，说明采用神经网络评定化工园区安全等级具有一定的可行性。下面用遗传算法优化该神经网络。

5.3　遗传算法

5.3.1　遗传算法概述

20 世纪 50 年代末和 60 年代初，受生物学家的启示，Holland 首先提出了遗传算法。遗传算法（Genetic Algorithms，GA）是人们根据达尔文生物进化论思想而得出的一种全局优化方法。遗传算法把问题的解表示成"染色体"，算法是以二进制编码的串。在执行遗传算法之前，给出一群"染色体"，接着运用适当的编码方法，对"染色体"进行选择、交叉、变异，保留优质基因，最后收敛于最好的"染色体"，得到具体问题的全局最优解或次优解。因为染色体的产生和遗传进化过程都是随机的，所以优化结果不唯一。由于遗传算法是一种全局优化方法，因此在求解问题的过程中不容易陷入局部最优解。当问题规模较小时，得到的一般都是最优解；当问题规模较大时，一般只能得到近似解。这时可以通过增大种群大小和最大遗传代数，使优化值更接近最优解。

5.3.2　遗传算法的优越性

遗传算法是一类可用于复杂系统优化计算的鲁棒搜索算法，与其他一些优化算法相比，主要具有以下几个特点：

（1）遗传算法以决策变量的编码作为运算对象，模仿自然界中的生物遗传和进化机理，使得我们可以方便地应用遗传算子。

（2）遗传算法直接以目标函数值作为搜索信息，无须目标函数的导数值等其他一些辅助信息，从而提高搜索效率。

（3）遗传算法可以同时利用多个搜索点的搜索信息，由于是从很多个体组成的初始群体开始搜寻最优解，又通过遗传操作产生出新一代群体，在这之中包括了很多群体信息，这些信息可以避免搜索一些不需要搜索的点，所以实际上相当于搜索了更多的点。

（4）由于遗传算法使用了概率搜索技术，因此增加了其搜索过程的灵活性，理论和实践都已证明了在一定条件下遗传算法总是以概率 1 收敛于问题的最优解。

5.3.3 遗传算法的基本操作

遗传算法的基本操作包含 5 个基本要素：参数编码、设定初始种群、确定适应度函数、设计遗传操作算子、设置遗传运行参数。

（1）参数编码。

在遗传算法中，如何描述问题的可行解，把一个问题的可行解从其解空间转换到遗传算法所能处理的搜索空间的转换方法称为编码。由于遗传算法不能直接处理问题空间的参数，因此必须通过编码把要求问题的可行解表示成遗传空间的染色体或个体。常用的编码方法有二进制编码、实数编码（浮点法编码）、GY 编码、符号编码、多参数级联编码、多参数交叉编码、结构式编码和位串编码等。本书采用二进制编码。

（2）设定初始种群。

群体规模的确定受遗传算法操作算子中选择操作的影响很大。群体规模越大，群体中个体多样性越高，算法陷入局部解的可能性就越小。但群体规模太大会使计算量增加，影响遗传算法的效率。群体规模越小，越容易引起未成熟收敛现象，因为算法的搜索空间分布范围受到限制。因此，在实际应用中，种群数量一般选择几十至几百个。

（3）确定适应度函数。

遗传算法中使用适应度这个概念来度量群体中各个个体在优化计算中有可能达到或接近于或有助于找到最优解的优良程度。适应度较高的个体遗传到下一代的概率较大，而适应度较低的个体遗传到下一代的概率就相对小一些。适应度函数是用来区分群体中个体好坏的标准，是驱动遗传算法的动力，将优化问题的目标函数与个体的适应度建立映射关系，即可在进化过程中实现对优化问题目标函数的寻优。

（4）设计遗传操作算子。

选择算子和交叉算子基本上完成了遗传算法的大部分搜索功能，变异算子则增加了遗传算法搜索最优解的能力，使程序不易陷入局部最优解。

遗传操作也称复制算子或复制操作，适应度高的个体被遗传到下一代群体的概率较大，反之则较小。选择操作的主要目的是避免基因缺失，提高全局收敛性和计算效率。常用的选择操作方法有比例选择、最优保存策略、确定式采样选择、无回放随机选择和排序选择等。

交叉操作是指从种群中随机选择两个个体，通过两个染色体的交换组合，把父代的优秀特征遗传给子代，从而产生新的优秀个体。常用的交叉操作方法有单点交叉、双点交叉、多点交叉、均匀交叉和算术交叉等。

变异操作的主要目的是维持种群多样性和改善算法局部搜索能力。变异首先在群体中随机选择一个个体,对于选中的个体以一定的概率随机地改变染色体串结构数据中某个串的值。与生物界一样,遗传算法中发生变异的概率很低,通常取值很小。常用的变异操作方法有基本位变异、均匀变异、非均匀变异、边界变异和高斯变异等。

(5)设置遗传运行参数。

在运行算法程序之前要先对程序运行参数进行设置,如染色体上的基因个数(个体编码长度)、种群数量、进化代数、选择概率、交叉概率和变异概率等。

①染色体上的基因个数。

单条染色体上的基因个数应使用能易于产生与所求问题相关的且具有低阶、短定义长度模式的编码方案,应使用能使问题得到自然表示或描述的具有最小编码字符集的编码方案。二进制编码符号串的长度与问题所要求的求解精度有关,浮点数编码个体长度等于其决策变量的个数。另外,也可以用格雷码编码方法和符号编码方法等确定基因个数.

②种群数量。

种群数量影响遗传算法的全局搜索能力。种群数量越大,样本越丰富,遗传算法最后的结果越趋近于精确解。但是,过大的种群数量会严重降低算法运行的效率。一般种群数量设置为50~500。

③进化代数。

进化代数表示遗传算法运行结束条件的参数。它表示遗传算法运行到指定进化代数之后就停止运行,并将当前群体中的最佳个体作为所求问题的最优解输出。进化代数也会影响算法运行的效率。一般建议的取值范围是100~1000。

④选择概率。

选择概率表示选择算子适应度大的个体被选择保留下来并遗传给后代的概率,一般为0.5~0.9。

⑤交叉概率。

交叉操作是遗传算法中产生新个体的主要方法。若取值过大,则会破坏群体中的优良模式,对进化运算产生不利影响;若取值过小,则产生新个体的速度较慢。一般建议的取值范围是0.4~0.99。

⑥变异概率。

若变异概率取值较大,则能产生较多的新个体,但也有可能破坏很多较好的模式;若变异概率取值较小,则变异操作产生新个体的能力和抑制早熟现象的能力就会较差。一般建议的取值范围是0.0001~0.1。

5.3.4 遗传算法的实现过程

遗传算法与BP神经网络算法相结合,通过编码、种群初始化、遗传算子等操作,结合神经网络测试误差输出判断算法是否结束。遗传算法的实现过程如下:

（1）通过神经网络的操作随机产生初始种群。

（2）计算染色体适应度值。

（3）选择适应度大的染色体进行复制。

（4）通过交叉、变异操作产生新的染色体。

（5）判断是否达到预设进化代数，若未达到，则将染色体解码输入到神经网络中再次分配，重复（2）～（4），直至达到预设进化代数。

5.4　基于遗传神经网络的化工园区火灾爆炸风险安全评价

5.4.1　建立化工园区火灾爆炸安全评价的遗传神经网络

根据遗传算法的特点，用遗传算法优化神经网络连接权值的过程如下：

（1）随机产生一组分布作为初始父代种群，采用二进制编码方式，权值和阈值的编码均为 10 位二进制数，构造出一个个码链。在网络结构确定的前提下，该码链就对应一个权值取特定值的神经网络。

（2）针对所产生的神经网络，计算它的误差函数，从而确定其适应度。

（3）选择群体中两个个体，以概率 p_c 进行编码、杂交、解码运算，将父代和子代都加入子代种群。

（4）对子代种群中每个个体以概率 p_m 进行编码、杂交、解码运算，将父代和子代都加入子代种群。

（5）对子代种群中每个个体进行 BP 运算。

（6）计算每个个体的适应度函数值。

（7）判断是否满足设定的结束条件，如果不满足，则跳至（3），否则结束计算。

值得注意的是，由于 BP 是梯度下降算法，因此经过选择、交叉、变异等运算的每一个个体都会向极点做一个步长的靠近，即进行一次局部搜索。有一些点有可能会陷入局部极小值，但因为保留了最优点，所以在下一代的搜索过程中，经过选择、交叉和变异等运算会产生一些适应度大的较优点，那些适应度小的局部极值点最终都将被抛弃。

5.4.2　遗传神经网络的 MATLAB 实现

MATLAB 软件自 1984 年由美国的 MathWorks 公司推出以来，已成为国际上公认的最优秀的数值计算和仿真分析软件。MATLAB 具有强大的数值计算和分析等能力，能处理大量的数据，而且效率比较高。MathWorks 公司在此基础上加强了 MATLAB 的符号

计算、文字处理、可视化建模和实时控制能力，增强了 MATLAB 的市场竞争力，使
MATLAB 成为市场主流的数值计算软件。MATLAB 软件的特点：①编程效率高。
MATLAB 允许用数学形式的语言来设计程序，编写简单，所以编程效率高。②用户使用
方便。MATLAB 是一种解释执行的语言，灵活、方便，调试手段丰富，调试速度快。
③扩充能力强，交互性好。高版本的 MATLAB 有丰富的库函数，用户在进行复杂的数学
运算时可以直接调用管理。④可移植性好。由于 MATLAB 是用 C 语言编写的，所以
MATLAB 可以很方便地被移植到能运行 C 语言的操作平台上。此外，MATLAB 还具有
语句简单、内涵丰富、高效方便的矩阵和数组运算以及方便的绘图功能等优点。

本书采用的编程环境是 MATLAB R2014a，利用其提供的神经网络工具箱和谢菲尔
德遗传算法工具箱中的函数完成程序的编写。谢菲尔德（Sheffield）遗传算法工具箱是英
国谢菲尔德大学开发的遗传算法工具箱。该工具箱是用 MATLAB 高级语言编写的，对问
题使用 M 文件编写，可以看见算法的源代码，与此匹配的是先进的 MATLAB 数据分析、
可视化工具、特殊目的应用领域工具箱和展现给使用者具有研究遗传算法可能性的一致环
境。该工具箱为遗传算法研究者和初次使用遗传算法的用户提供了广泛多样的实用函数。

遗传神经网络主要分为 BP 神经网络结构确定、遗传算法优化初始权值和阈值、BP
神经网络训练及预测。针对化工园区火灾爆炸风险安全评价模型，BP 神经网络结构的确
定有以下两条重要的指导原则：

①三层网络可以很好地解决一般的模式识别问题。

②在三层网络中，隐含层神经元个数 n_2 和输入层神经元个数 n_1 之间有以下近似
关系：

$$n_2 = 2 \times n_1 + 1 \tag{5-2}$$

（1）编码方法。

由于 BP 神经网络的拓扑结构是根据样本的输入/输出参数的个数确定的，所以可以
确定遗传算法优化参数的个数，从而确定种群个体的编码长度，也就是一条染色体上的基
因数量。考虑到 MATLAB R2014a 的神经网络工具箱中 BP 神经网络的权值和阈值的特点
及其储存形式，本书使用二进制编码，权值和阈值的编码均为 10 位二进制数。

（2）种群初始化。

遗传算法优化参数是 BP 神经网络的初始权值和阈值，只要确定网络结构，权值和阈
值也就确定了。本书采用三层 BP 神经网络设计，个体编码使用二进制编码，每个个体均
为一个二进制串，由 $n_2 \times n_1$ 个输入层与隐含层连接权值、n_2 个隐含层阈值、$n_2 \times n_3$ 个隐
含层与输出层连接权值、n_3 个输出层阈值四部分组成，每个权值和阈值使用 10 位二进制
编码，将所有权值和阈值的编码连接起来即为一个个体的编码。单条染色体长度为

$$N = (n_1 \times n_2 + n_2 \times n_3 + n_2 + n_3) \times 10 \tag{5-3}$$

式中，n_1 为输入层神经元个数，n_2 为隐含层神经元个数，n_3 为输出层神经元个数。

（3）适应度函数。

为了使 BP 神经网络在预测时，预测值与期望值的残差尽可能小，可以选择预测样本
的预测值与期望值的误差矩阵的范数作为目标函数的输出。适应度函数采用排序的适应度

分配函数，即 FitnV = ranking(obj)，其中 obj 为目标函数的输出。

（4）选择算子。

选择算子采用随机遍历抽样。

（5）交叉算子。

交叉算子采用最简单的单点交叉算子。

（6）变异算子。

变异以一定概率产生变异基因数，用随机方法选出发生变异的基因。如果所选的基因的编码为 1，则变为 0；反之，则变为 1。

BP 神经网络的核心就是利用样本和目标函数训练网络，达到找到最优化的网络连接权值和阈值的目的。神经网络的权值和阈值一般是通过随机初始化为 $[-1,1]$ 区间的随机数，这个初始化参数对网络训练的影响很大，但是又无法准确获得，对于相同的初始权值和阈值，网络的训练结果是一样的，引入遗传算法就是为了优化出最佳的初始权值和阈值。

BP 神经网络预测前首先要对网络进行训练，通过训练使网络具有联想能力和预测能力。BP 神经网络的训练过程包括以下几个步骤：

（1）网络初始化。

根据系统输入输出序列 (X,Y) 确定网络输入层节点数 n，隐含层节点数 l，输出层节点数 m，初始化输入层、隐含层和输出层神经元之间的连接权值 w_{ij}，w_{jk}，初始化隐含层阈值 a、输出层阈值 b，给定学习速率和神经元激励函数。

（2）隐含层输出计算。

根据输入变量 $X(x_i, i=1,2,\cdots,n)$、输入层和隐含层之间的连接权值 w_{ij} 以及隐含层阈值 a，计算隐含层输出：

$$H_j = f\left(\sum_{i=1}^n w_{ij}x_i - a_j\right), j=1,2,\cdots,l \tag{5-4}$$

式中，l 为隐含层节点数；f 为隐含层激励函数，该函数有多种形式，本书神经网络的隐含层神经元传递函数采用 S 型正切函数 tansig()，tan-sigmoid 型传递函数的输入值可取任意值，输出值在 -1 到 $+1$ 之间。函数表达式如下：

$$f(x) = \frac{2}{1+e^{-2x}} - 1 \tag{5-5}$$

（3）输出层输出计算。

根据隐含层输出 H、连接权值 w_{jk} 和阈值 b，计算 BP 神经网络预测输出：

$$O_k = g\left(\sum_{j=1}^l H_j w_{jk} - b_k\right), k=1,2,\cdots,m \tag{5-6}$$

式中，m 为输出层节点数；g 为输出层激励函数，本书神经网络的输出层神经元传递函数采用 S 型对数函数 logsig()，log-sigmoid 型传递函数的输入值可取任意值，输出值在 0 和 1 之间，正好满足网络的输出要求。函数表达式如下：

$$g(x) = \frac{1}{1+e^{-x}} \tag{5-7}$$

（4）误差计算。

根据网络预测输出和期望输出，计算网络预测误差：

$$e_k = Y_k - O_k,\ k = 1,2,\cdots,m \tag{5-8}$$

（5）权值更新。

根据网络预测误差更新网络连接权值：

$$w_{ij} = w_{ij} + \eta H_j(1 - H_j)x(i)\sum_{k=1}^{m}w_{jk}e_k,\ i = 1,2,\cdots,n,\quad j = 1,2,\cdots,l \tag{5-9}$$

$$w_{jk} = w_{jk} + \eta H_j e_k,\ j = 1,2,\cdots,l,\quad k = 1,2,\cdots,m \tag{5-10}$$

式中，η 为学习速率。

（6）阈值更新。

根据网络预测误差更新网络节点阈值：

$$a_j = a_j + \eta H_j(1 - H_j)\sum_{k=1}^{m}w_{jk}e_k,\ j = 1,2,\cdots,l \tag{5-11}$$

$$b_k = b_k + e_k,\ k = 1,2,\cdots,m \tag{5-12}$$

（7）判断算法迭代是否结束。

若没有结束，则返回步骤（2）。

遗传算法优化的 BP 神经网络算法流程如图 5-7 所示。

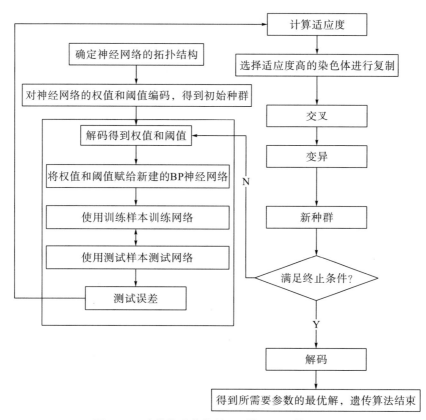

图 5-7　遗传算法优化的 BP 神经网络算法流程

遗传神经网络输入层神经元个数就是化工园区火灾爆炸风险安全评价指标个数。

遗传神经网络输出结果为 5 个十进制 1 附近的数值，按照计算结果距离 1 最近的项为二进制数 1，其他项均为二进制数 0 的原则，(1,0,0,0,0)表示安全等级为一级，(0,1,0,0,0)表示安全等级为二级，(0,0,1,0,0)表示安全等级为三级，(0,0,0,1,0)表示安全等级为四级，(0,0,0,0,1)表示安全等级为五级。因此，遗传神经网络的输出层神经元个数为 5 个。

5.4.3　训练遗传神经网络

（1）设置遗传神经网络参数。

由于目前遗传算法和神经网络在参数设定上并无系统性的理论支持，因此，本书结合前人经验和实际测试，得到以下遗传神经网络输入参数。

遗传算法参数：种群规模为 30，交叉概率为 0.8，变异概率为 0.2，最大进化代数为 50。

神经网络输入参数：输入层神经元数目为 10，隐含层神经元数目为 4，输出层神经元数目为 5，学习样本数为 10，测试样本数为 3，学习速率为 0.01，训练目标为 0.00001。

（2）遗传神经网络 MATLAB 代码。

遗传神经网络 MATLAB 代码见附录 2。

（3）训练结果。

本次代码运行，选择 12 个工厂样本数据训练网络，选择 5 个样本分别用 BP 神经网络和遗传算法优化后的 BP 神经网络测试，测试结果如图 5-8、图 5-9 所示。

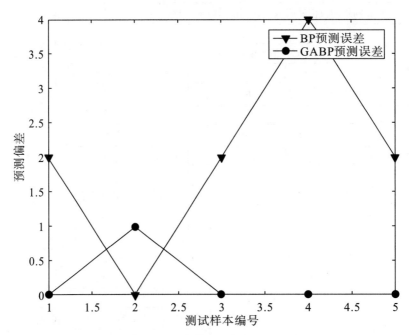

图 5-8　优化前后的 BP 神经网络预测值和真实值误差对比

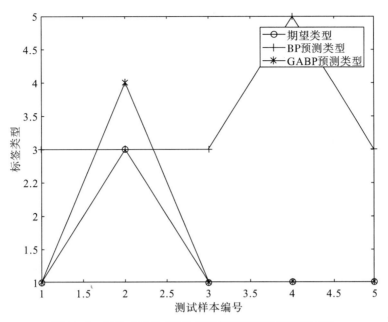

图 5－9　优化前后的 BP 神经网络预测值和真实值对比

由图 5－8 和图 5－9 可以看出，优化后对 5 个样本的分类值明显准确很多，遗传算法优化后的 BP 神经网络准确预测了 4 个样本，即园区 A、园区 C、园区 D 和园区 E 的安全等级，预测准确率为 80%，预测样本的测试效果都得到了改善。

（4）增加遗传神经网络训练数据再评估。

本次代码运行，选择除园区 A 以外的 16 个园区样本数据训练网络，选择园区 A 样本用遗传算法优化后的 BP 神经网络测试，测试结果如图 5－10 所示。

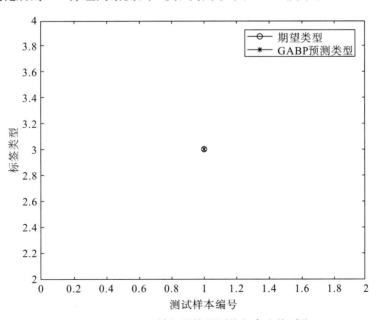

图 5－10　GABP 神经网络预测值和真实值对比

由图 5-10 可以看出，增加训练样本数量可以提高测试样本的预测准确性，达到理想的园区安全评价效果，但由于目前所能采集的园区样本数据数量有限，评价结果存在误差。

5.5 结 论

运用 BP 神经网络，通过对 12 个样本园区分类结果的学习，对园区 A、园区 B、园区 C、园区 D 和园区 E 的安全等级进行评估，并成功预测园区 B 的安全评估等级，进而分析了用 BP 神经网络对化工园区火灾爆炸风险进行安全评价的可行性。

对已设定的 BP 神经网络结合遗传算法进行优化，根据遗传算法与 BP 神经网络的特点，利用遗传算法优化神经网络的初始权值和阈值，达到程序不易陷入局部最优解且精度高的目的。

增加训练样本数量可以提高测试样本的预测准确性，达到理想的园区安全评价效果。

参考文献

[1] 吴宗之，多英全，魏利军，等. 区域定量风险评价方法及其在城市重大危险源安全规划中的应用 [J]. 中国工程科学，2006，8（4）：46-49.

[2] 师立晨，曾明荣，多英全. 基于后果的土地利用安全规划方法在化工园区的应用 [J]. 中国安全生产科学技术，2009，5（6）：67-71.

[3] 姜艳. 化工园区安全评价模式研究 [D]. 沈阳：沈阳航空工业学院，2008.

[4] 何天平，程凌. 层次分析法在化工园区安全评价中的应用 [J]. 中国安全生产科学技术，2008，4（4）：81-84.

[5] 陈国华，施文松，赵远飞. 基于风险的化工园区布局优化决策支持系统 [J]. 中国安全科学学报，2012，22（7）：141-146.

[6] 周雅琴. 化工园区安全规划方案及评价方法的研究 [D]. 上海：华东理工大学，2011.

[7] 赵玲，唐敏康. 改进型 DOW 火灾爆炸指数评价法在石油化工企业储罐区的应用 [J]. 江西理工大学学报，2009，30（5）：29-32.

[8] 任治国，张树海，薛仲卿. 蒙德法在垃圾焚烧发电厂安全评价中的应用 [J]. 中国安全生产科学技术，2011，7（1）：123-126.

[9] 郑双忠. 城市火灾风险评估的研究 [D]. 沈阳：东北大学，2003.

[10] 袁卫国. 基于模糊神经网络的钢管混凝土拱桥安全性评价方法研究 [D]. 武汉：武汉理工大学，2003.

[11] 吕晓强. 基于 BP 神经网络的企业技术创新能力评价及应用研究 [D]. 西安：西北工业大学，2005.

[12] 伍爱友，肖国清，蔡康旭. 基于模糊识别的建筑物火灾危险性评价方法［J］. 中国安全科学学报，2004，14（5）：72－75.

[13] 许晓光，刘剑. 化工企业的消防安全评价［J］. 辽宁工程技术大学学报（自然科学版），2008，27：122－123.

第6章　化工园区典型火灾及烟气扩散模拟

6.1　大涡模拟及 FDS 软件

大涡模拟最早是由气象学家 Smagorinsky 提出的，是介于直接数值模拟与雷诺时均法之间的一种湍流数值模拟方法。根据目前对湍流的理解，湍流包含一系列大大小小的涡团，为了模拟湍流，总是希望计算网格的尺度小到足以分辨最小涡的运动，然而，就目前的计算机速度来讲，还是难以做到的。但从宏观的角度看，流动过程中的动量、质量、能量以及其他物理量的输运，主要受大尺度涡影响。大尺度涡与所求解的问题密切相关，由几何及边界条件决定，而小尺度涡受几何及边界条件的影响较小，更倾向于各向同性的运动。因此，可以放弃对全尺度范围内的涡的瞬时模拟，只将比网格尺度大的湍流运动通过瞬时 $N-S$ 方程直接计算出来，而小尺度涡对大尺度涡运动的影响则通过一定的模型在针对大尺度涡的瞬时 $N-S$ 方程中体现出来，从而形成大涡模拟（Large Eddy Simulation，LES）。

实现大涡模拟，首先需要通过滤波函数从瞬时 $N-S$ 方程中将尺度小于滤波函数尺度的涡过滤掉，从而得到可以直接模拟的大涡场的运动方程，而被滤掉的小尺度涡对大涡流动的影响，则通过在大涡流场的运动方程中引入附加应力项来体现，被引入的应力项称为亚格子尺度应力，而构建亚格子尺度应力的数学模型称为亚格子尺度（Sub Grid Scale，SGS）模型。

6.1.1　滤波处理方法

$\varphi(x)$ 为一瞬时流动变量，过滤变量定义为

$$\overline{\varphi(x)} = \int_D \varphi(x')G(x,x')\mathrm{d}x' \tag{6-1}$$

式中，D 为流体计算控制域，G 为决定求解涡团大小的过滤函数。

对于有限体积法的离散过程，本身就隐含提供了滤波功能，即在一个控制体上对物理量取平均值，这样就将小于控制体的涡过滤掉。这种方法是由 Deardorff 提出的，控制体

本身可形象化为一个盒子，因此称为 Box 方法，即

$$G(x,x') = \begin{cases} \dfrac{1}{V}, & x' \in \nu \\[2mm] 0, & x' \notin \nu \end{cases} \tag{6-2}$$

式中，V 为控制体的体积所占的空间区域，则式（6-1）变为 $\overline{\varphi(x)} = \dfrac{1}{V}\displaystyle\int_D \varphi(x')\mathrm{d}x'$。

6.1.2　大涡模拟控制方程

将过滤后的函数代入瞬时 $N-S$ 方程中，得到大涡模拟的控制方程：

$$\frac{\partial}{\partial x_i}(\rho \overline{u}_i) = 0 \tag{6-3}$$

$$\frac{\partial \rho \overline{u}_i}{\partial t} + \frac{\partial(\rho \overline{u}_i \overline{u}_j)}{\partial x_j} = -\frac{\partial \overline{p}}{\partial x_i} - \frac{\partial \tau_{ij}}{\partial x_j} + \frac{\partial}{\partial x_j}\left(\mu \frac{\partial \sigma_{ij}}{\partial x_j}\right) \tag{6-4}$$

式（6-3）、（6-4）构成了在 LES 方法中使用的控制方程组，方程是瞬态下的方程，式中有上划线的量为滤波后的场变量，将

$$\tau_{ij} = \rho\,\overline{u_i u_j} - \rho \overline{u}_i \overline{u}_j \tag{6-5}$$

定义为亚格子尺度应力，它体现了小尺度涡的运动对所求解的运动方程的影响。σ_{ij} 为分子粘性引起的应力形式。

由于亚格子尺度应力是未知量，所以在求解方程（6-3）和（6-4）时，需要像构造雷诺应力一样构造亚格子尺度应力的数学表达式，即亚格子尺度模型。

6.1.3　亚格子尺度模型

亚格子尺度模型在 LES 方法中占有很重要的地位，最基本的模型是涡粘模型：

$$\tau_{ij} - \frac{1}{3}\tau_{kk}\delta_{ij} = -2\mu_t \overline{S}_{ij} \tag{6-6}$$

式中，μ_t 是亚格子湍流粘性系数，$\overline{S}_{ij}$ 是亚格子尺度的应变率张量，定义为

$$\overline{S}_{ij} = \frac{1}{2}\left(\frac{\partial \overline{u}_i}{\partial x_j} + \frac{\partial \overline{u}_j}{\partial x_i}\right) \tag{6-7}$$

对于 μ_t，通常采用 Smagorinsky-Lilly 模型，湍流粘性系数采用如下形式：

$$\mu_t = \rho L_s^2 |\overline{S}| \tag{6-8}$$

式中，L_s 为亚格子混合长度，$|\overline{S}| = \sqrt{2\,\overline{S}_{ij}\overline{S}_{ij}}$，$L_s$ 使用以下公式计算：

$$L_s = \min(\kappa d, C_s V^{1/3}) \tag{6-9}$$

式中，C_s 为 Smagorinsky 数，取 0.1；κ 为 Kármán 常数；d 为到最近壁面的距离；V 为计算控制体的体积。

FDS（Fire Dynamic Simulation）是由美国标准技术研究院 NIST（National Institute of Standards and Technology）开发，用于分析工业尺度的火灾模拟软件，其湍流模型采用大涡模拟技术。相对于其他 CFD（Computational Fluid Dynamics）软件，其操作步骤简便，具备计算准确度高、计算速度较快、可形象地重现燃料燃烧过程和火灾造成周边设备的变化等优点，还可以再现火灾的动态变化过程。FDS 软件通过求解 $N-S$ 方程来模拟计算火灾过程的烟气流动以及热传递的过程，还能模拟安装喷淋设施以及其他的灭火设施时火灾的发展蔓延过程。

Thunderhead Engineering PyroSim 简称 PyroSim，是由美国标准技术研究院研发的专用于火灾动态仿真模拟的软件，是在 FDS 的基础上发展起来的，为火灾动态模拟提供了一个图形用户界面。软件以计算流体动力学为依据，可以模拟预测火灾过程的烟气蔓延、温度变化以及气体组分的浓度变化等相关参数的变动情况。其模型建立方便快捷，并支持 DXF 和 FDS 格式的模型文件的导入。PyroSim 最大的特点是提供了三维图形化前处理功能和可视化编辑的效果。在 PyroSim 中不仅包括建模、边界条件设置、火源设置、燃烧材料设置和帮助等，还包括 FDS/ Smokeview 的调用以及计算结果后处理，用户可以直接在 PyroSim 中运行所建模型。

6.2 工业池火模拟分析

可燃液体储罐表面燃烧或者在外界因素的作用下发生泄漏，罐内的液体泄漏到地面或覆盖在水层上，在其他装置以及防火堤的约束下形成液池，液池内的液体如果被点火源引燃，将会发生池火事故。

6.2.1 池火模型

池火对人员及装置产生危害的方式为热辐射。通过计算火焰燃烧速率及热辐射通量等参数，可以得到热辐射对装置以及人员的火焰危害程度。

泄漏物质的质量燃烧速率为

$$m = \begin{cases} \dfrac{0.001H_c}{c_p(T_b - T_0) + H}, & T_b > T_0 \\ \dfrac{0.001H_c}{H}, & T_b \leqslant T_0 \end{cases} \tag{6-10}$$

式中，m 为质量燃烧速率，kg/(m² · s)；H_c 为物质燃烧热，kJ/kg；c_p 为定压比热容，kJ/(kg · K)；T_b 为物质常压沸点，K；T_0 为环境温度，K；H 为汽化热，kJ/kg。

池火的火焰高度为

$$h = 84r \left[\frac{m}{\rho_0 (2gr)^{0.5}} \right]^{0.6} \tag{6-11}$$

式中，h 为火焰高度，m；r 为液池半径，m；ρ_0 为空气密度，温度为 20℃ 时取 1.205 kg/m³；g 为重力加速度，取 9.81 m/s²。

表面热辐射通量为

$$Q = \frac{(\pi r^2 + 2\pi rh)H_c \eta m}{72m^{0.61} + 1} \tag{6-12}$$

式中，Q 为热辐射通量，kW/m²；η 为热辐射系统效率，取 35%。

对于圆柱形火焰，热辐射在空气中传播，目标接受的热辐射通量为

$$I = \frac{Qt_c}{4\pi X^2} \tag{6-13}$$

式中，I 为距离池中心某一距离 X 处的入射热辐射强度，kW/m²；t_c 为热传导系数，在无相对理想的数据时，可取值 1；X 为目标到液池中心的距离，m。

6.2.2　模型验证

以正庚烷为例，通过 FDS 验证池火模型的热辐射强度和伤害半径。正庚烷的理化性质如表 6-1 所示。

表 6-1　正庚烷的理化性质

分子式	C_7H_{16}
分子量	100
相对密度（水为 1×10^3 kg/m³）	0.683
沸点（℃）	98.5
比热容 [kJ/(kg·℃)]	2.233
燃烧热（kJ/mol）	4806.6
汽化热（kJ/kg）	318.7

6.2.2.1　网格划分

在模拟火灾时，将计算区域进行网格划分。为了达到最佳模拟精度，网格在三个方向的长度最好接近并遵循一定的规则，最佳的网格尺寸大小应该是 $2^U \times 3^V \times 5^W$（三个数字分别对应 FDS 坐标系中 X，Y，Z 三个方向的尺寸大小），U，V，W 均为整数。例如，$64=2^6$，$72=2^3\times3^2$，$108=2^2\times3^3$，都是较好的单元尺寸，而 37，99，109 就不合适，在软件进行模拟计算时，会导致模型运算的不稳定。

为了更精确地设置网格尺寸，FDS 给出了对网格划分的相关经验公式：

$$D^* = \left(\frac{Q}{\rho_\infty c_p T_\infty \sqrt{g}}\right)^{\frac{2}{5}} \tag{6-14}$$

式中，D^* 为火灾特征尺寸，m；Q 为火灾热释放率，kW；ρ_∞ 为环境密度，kg/m³；c_p

为环境比热容，kJ/(kg・K)；T_∞ 为环境温度，K；g 为重力加速度，m/s²。

对于 X，Y，Z 三个方向上所划分网格的最小尺寸 δ，建议 $\dfrac{D^*}{\delta}$ 的大小控制为 $10\sim16$，此时得到的计算结果精确度较高。若火灾热释放率的数值未知，可以先使用软件中建议的尺寸进行初步模拟，模拟结果中的火灾热释放率再代入式（6—14）验证网格尺寸的合理性。本次验证取 0.5 m 的网格尺寸进行模拟。

6.2.2.2　热辐射强度验证

设置边长为 2 m 的方形池火，当量直径 $D_e = \sqrt{\dfrac{4S}{\pi}} = 2.25$ m，由式（6—10）计算出正庚烷的质量燃烧速率为 0.097 kg/(m²・s)，由式（6—11）计算出池火的火焰高度为 8.26 m，由式（6—12）计算出正庚烷的池火表面热辐射通量为 5554.83 kW/m²。对于正庚烷池火，目标接受的热辐射通量计算公式（6—13）可表示为式（6—15），函数图像如图 6—1 所示。

$$I = \frac{442.04}{X^2} \tag{6—15}$$

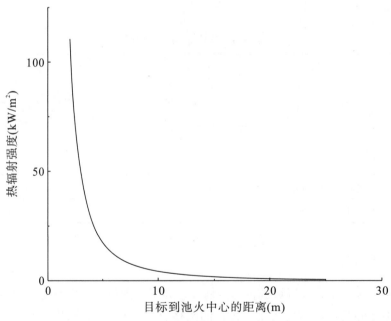

图 6—1　正庚烷池火模型热辐射强度与池火中心距离的关系曲线

设置模拟时间为 30 s，FDS 模拟池火火焰高度与池火模型经验公式比较如图 6—2 所示，在火焰顶部出现脉动现象，池火火焰高度在经验公式计算的火焰高度 8.26 m 处上下摆动，两者具有较强的一致性。统计 $20\sim30$ s 内处于较稳定状态的测点的热辐射强度，以最大平均值作为此距离的热辐射强度，目标到池火中心距离的热辐射强度与池火模型经验公式比较如图 6—3 所示。池火模型热辐射强度与 FDS 模拟热辐射强度变化趋势是一致的，离池火中心越远，热辐射强度越小，其变化率也越小。靠近池火时，FDS 模拟结果大于池火模型经验公式计算结果，最大误差为 25%，随着距离的增大，误差逐渐减小。经验公式将热辐射传递过程视作理想状态，而实际的辐射强度受到池火黑体辐射的影响，距离池火越近，黑体辐射越强，对热辐射强度的影响越大；距离越远，其影响越小。FDS 模拟与池火模型经验公式的差值会随着距离的增大而减小，并且由于外界环境对辐射衰减的影响，FDS 模拟的辐射随距离的变化率大于池火模型经验公式，在距离池火中心 7 m 后 FDS 模拟的数值将会小于经验公式。

图 6-2　FDS 模拟池火火焰高度与池火模型经验公式比较

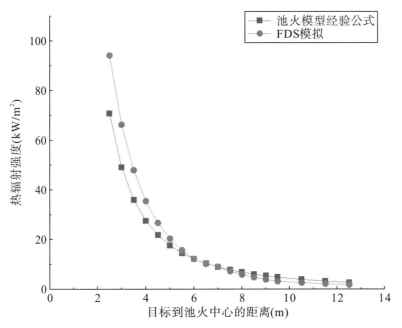

图 6-3　FDS 模拟池火热辐射强度与池火模型经验公式比较

6.2.2.3 伤害半径验证

根据式（6-15）和模拟结果比较池火模型理论伤害半径与 FDS 模拟伤害半径，如表 6-2 所示。由于 FDS 模拟辐射衰减过快，两者间伤害半径的误差也快速减小。

表 6-2 池火模型理论伤害半径与 FDS 模拟伤害半径比较

热辐射强度（kW/m²）	池火模型理论伤害半径（m）	FDS 模拟伤害半径（m）	相对误差
37.5	3.4	4.0	0.140
25.0	4.2	4.5	0.060
12.5	5.9	6.0	0.008

6.2.3 池火场景模拟

6.2.3.1 模型建立与参数设置

（1）几何模型。

以某化工企业罐区为例，依照建筑图纸和现场图片信息，通过 SketchUp 软件处理生成该企业罐区的几何模型，完成建模后，将在 SketchUp 建立的工厂三维立体模型以 DXF 格式导出并保存，然后通过 Pyrosim 导入上述 DXF 格式文件并加以修改，最后转换为 FDS 输入文件格式。构建的罐区几何模型如图 6-4 所示。

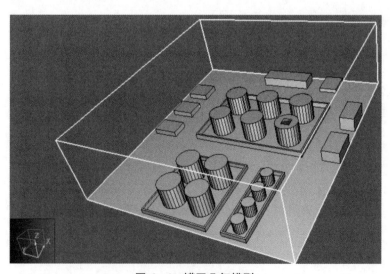

图 6-4 罐区几何模型

（2）火源设定。

火灾场景假设为该企业罐区正庚烷储罐受外力因素顶部发生部分破坏，形成正庚烷罐顶池火事故。正庚烷的理化性质见表6-1，设置边长为6 m的方形罐顶池火，按式（6-10）计算出正庚烷的质量燃烧速率为0.097 kg/(m² · s)，根据正庚烷的燃烧热和池火面积，此池火场景下的单位面积热释放率大小为4662 kW/m²。

（3）网格划分与无关性验证。

根据式（6-14），火灾的特征尺寸 $D^* = 7.4$ m，所以网格最佳尺寸为0.5～0.7 m，计算域设置为170 m×150 m×50 m，由于罐区面积较大，对于离正庚烷罐体较远区域采用1 m的网格尺寸，网格设为方形，设定以下三种网格划分方案：

方案一：以 y 轴划分，y 为0～50 m时，网格尺寸设置为0.5 m；y 为50～150 m时，网格尺寸设置为1 m，共4250000个网格。

方案二：区域内网格尺寸设置为0.6 m，共5872250个网格。

方案三：区域内网格尺寸设置为0.7 m，共3692142个网格。

用这三种方案分别划分网格，进行数值模拟，统计比较各方案模拟的时长和池火中心热释放速率大小。方案一数值模拟所用时长为10 h，方案二数值模拟所用时长为13.5 h，方案三数值模拟所用时长为14 h。FDS模拟不同网格划分方案的平均热释放速率结果如图6-5所示。以方案二模拟所得平均热释放速率为基准，方案一的误差绝对值为1.93%，方案三的误差绝对值为0.20%，方案二与方案三平均热释放速率更为接近，并且方案二模拟时长比方案三短。综合分析误差率和模拟时长，采用方案二划分网格。

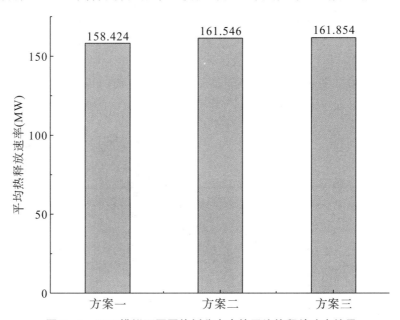

图 **6-5**　FDS模拟不同网格划分方案的平均热释放速率结果

6.2.3.2　模拟结果与分析

储罐内池火的热辐射强度示意图和烟气模拟图是通过运用 Smokeview 演示图按照不同设定的观察点截图得到的，在此动画演示过程中，能够清晰直观地演示出储罐内池火发生时火灾和烟气的动态变化。正庚烷池火燃烧主要有以下四个阶段：

（1）燃烧产生的热辐射使得液池表面的燃料迅速发生气化，并在液池的表面形成一层薄薄的高温层。

（2）液池表面会释放出大量的热量，同时形成完全燃烧的显光火焰层。

（3）燃料的蒸气布满在燃烧的火焰底部以及液池表面之间的中间夹层，中间层的燃料蒸气蔓延到燃烧火焰的下方并透过火焰与中间层的空气进行混合后形成预混层，在完全燃烧的显光火焰层上面为不显光火焰区，火焰表面燃烧释放的烟气笼罩于显光火焰区上。

（4）伴随着液池上方火焰高度的逐渐增加，覆盖在显光火焰区上的烟气逐渐增加。在烟气里包含着燃烧产物以及没有得到充分燃烧的燃料。

FDS 模拟的无风环境状态下池火燃烧过程如图 6-6 所示。燃烧过程迅速，在 0.5 s 时，正庚烷燃烧形成明亮火焰，释放热量，正庚烷发生气化。在 1.5 s 时，火焰持续上升，液池表面火焰与顶部火焰之间存在烟气。在 2.5 s 时，形成燃烧蘑菇云，火焰与烟气继续上升。在 4 s 时，显光火焰区上的烟气持续增加，形成分层。在 4 s 后，火焰和烟气的扩散呈现稳定状态。环境风速分别设置为沿 x 方向 2 m/s、4 m/s、6 m/s、8 m/s，FDS 模拟池火燃烧过程分别如图 6-7～图 6-10 所示，与无风状态下的燃烧过程相似，燃料迅速燃烧，释放热量，火焰与烟气分层，形成显光火焰，烟气持续扩散。环境风速的存在增大了烟气的扰动，火焰和烟气沿 x 方向倾斜，随着环境风速的增大，扰动增强，火焰和烟气沿 x 方向倾角增大。烟气扩散区域随着时间的增大而增大，各环境风速条件下 30 s 时烟气扩散区域如图 6-11 所示，随着环境风速的增大，烟气在 30 s 时影响的区域面积越大，在风速为 8 m/s 时，30 s 内烟气将会影响沿 x 方向的罐区与建筑。

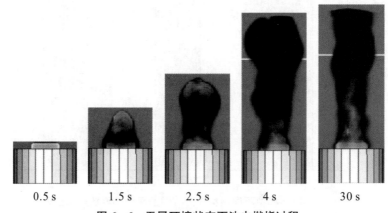

| 0.5 s | 1.5 s | 2.5 s | 4 s | 30 s |

图 6-6　无风环境状态下池火燃烧过程

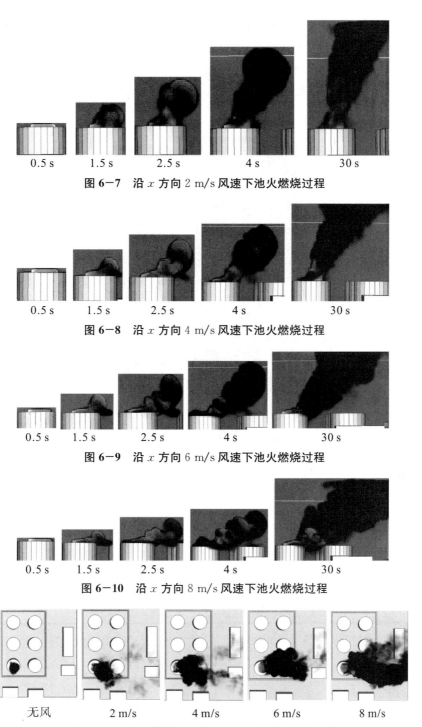

图 6-7　沿 x 方向 2 m/s 风速下池火燃烧过程

图 6-8　沿 x 方向 4 m/s 风速下池火燃烧过程

图 6-9　沿 x 方向 6 m/s 风速下池火燃烧过程

图 6-10　沿 x 方向 8 m/s 风速下池火燃烧过程

图 6-11　各环境风速条件下 30 s 时烟气扩散区域

图 6-12 显示了无风状态时火焰和烟气的温度，最高温度处于池火与烟气的中心，为 770℃，温度随着与中心距离的增大而衰减。沿 x 方向相邻储罐表面温度如图 6-13 所示，随着风速的增大，相邻储罐的表面温度波动增大，在 8 m/s 时，温度的波动最大，并且火

123

焰和烟气稳定扩散后，温度随着风速的增大而减小。沿 x 方向相邻储罐表面热辐射强度如图 6-14 所示，在 30 s 内，环境风速为无风，沿 x 轴 2 m/s、4 m/s、6 m/s、8 m/s 条件下的相邻储罐表面最大热辐射强度分别为 5.36 kW/m²、8.18 kW/m²、8.60 kW/m²、8.67 kW/m²、12.33 kW/m²，随着环境风速的增加，热辐射强度波动增强，相邻储罐表面最大热辐射强度随着风速的增加而增加。

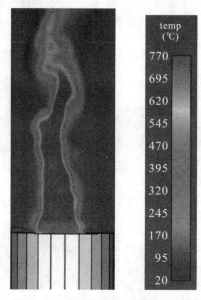

图 6-12 火焰和烟气的温度切片图

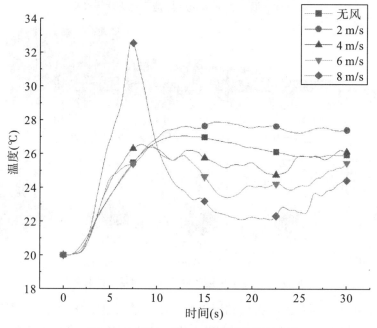

图 6-13 沿 x 方向相邻储罐表面温度

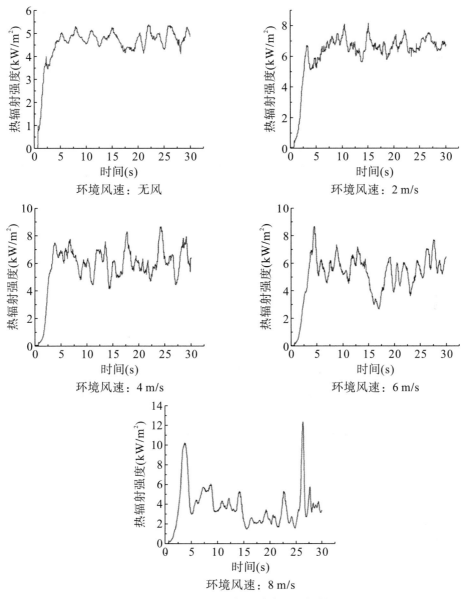

环境风速：无风

环境风速：2 m/s

环境风速：4 m/s

环境风速：6 m/s

环境风速：8 m/s

图 6-14　沿 x 方向相邻储罐表面热辐射强度

　　根据 FDS 模拟的结果，池火火焰和产生的烟气会向着环境风速的方向倾斜，并且随着风速的增大，烟气的倾斜角度越大，烟气覆盖的范围也越广，将会影响部分罐区和建筑。对于池火事故储罐沿 x 方向的相邻储罐，随着风速的增大，该储罐表面温度存在减小的趋势，其最大表面热辐射强度增大。环境风速的增加还会增强温度和热辐射强度的波动，因此，需要防范极端天气对池火事故带来的不利影响。

6.3 喷射火模拟分析

喷射火加压的可燃物质泄漏时形成射流,在泄漏口处点燃。喷射火火焰及其热辐射会对周围人员造成伤害,并且喷射火具有一定的初速度,带有很大的冲击力,会给泄漏口附近的设施带来巨大的破坏,甚至可能发生二次灾害。火焰能迅速扩展到几十米以外,充分与周围空气进行混合,燃烧更为剧烈,热辐射影响范围大。

6.3.1 喷射火模型

喷射火理论模型主要分为单点源模型、多点源模型和圆锥体模型三种。单点源模型是把喷射火看成一个点源,喷射火能量由此点源向四周进行传递;多点源模型是把喷射火看成一条线段,喷射火能量由此线段逐渐向四周进行传递;圆锥体模型是把喷射火看成一个处于倒立状态的圆锥体,与单点源模型和多点源模型相比,此种模型的能量传递方式与实际喷射火焰更为相像,在理论研究中,更多的科研工作者将喷射火看成圆锥体模型。

在以圆锥体模型为基础的喷射火研究过程中,Thornton 模型是 Chamberlain 在前人研究的基础上,基于(烃类)喷射火焰形状研究得出的半经验模型。该模型接受了风洞实验和现场实验的检验,包括陆地和水面上的大量实验,应用范围较为广泛。根据理论分析和实验数据对比验证结果,Chamberlain 总结得出距离泄漏孔 r 处的热辐射强度计算公式如下:

$$I_r = \frac{\eta M H_c T_{jet}}{4\pi r^2} \tag{6-16}$$

式中,I_r 为 r 处的热辐射强度,kW/m^2;η 为效率因子,取 0.35;M 为物质泄漏量,kg/s;H_c 为物质燃烧热,kJ/kg;T_{jet} 为辐射率系数,喷射火取 1;r 为目标到泄漏口处的距离,m。

热辐射的影响预测模型如下:

(1) 当人处于火场中时,人的致死概率为 $P = 1$。

(2) 当人不处于火场中时,如果喷射火辐射通量大于等于 45 kW/m^2,人的致死概率为 $P = 1$。

(3) 当人不处于火场中时,如果喷射火辐射通量小于 45 kW/m^2,人的致死概率为 $P = f(P_e)$,计算公式如下:

$$P_e = -36.88 + 2.56\ln(I_r^{4/3}t) \tag{6-17}$$

$$P = \frac{1}{2}\left[1 + erf\left(\frac{P_e - 5}{\sqrt{2}}\right)\right] \tag{6-18}$$

$$erf(x) = \frac{2}{\sqrt{\pi}} \int_0^x e^{-t^2} \, dt \qquad (6-19)$$

式中，P 为人暴露于火场外面的致死概率，范围为 $0\sim1$；P_e 为人暴露于火场外的概率；t 为暴露时间，s。

设备处于火场中被损坏的概率为 1，在非火场中，热辐射强度对人和设备的理论损害强度如表 6-3 所示。

表 6-3　热辐射强度对人和设备的理论损害强度

热辐射强度（kW/m²）	对人的伤害	对机械设备造成的损害
37.5	10 s 以下死亡概率为 1%，60 s 以上死亡概率为 100%	操作设备被损坏，不能工作
25.0	10 s 以下严重烧伤，60 s 以上死亡概率为 100%	设备结构材料力学性能丧失，不在火焰覆盖范围内，长时间辐射可使木材燃烧
12.5	60 s 以下死亡概率为 1%，10 s 以下会造成一度烧伤	在火焰覆盖范围内，木材燃烧、塑料融化的最低能量
4.0	20 s 以上会有灼烧疼痛感，不会起泡	—
2.0	60 s 以上会有灼烧疼痛感	PVC 绝热电缆被烧毁，无法正常工作
1.6	无不适感	—

6.3.2　模型验证

以甲烷为例，通过 FDS 软件模拟结果验证喷射火模型热辐射强度和伤害半径的准确性。甲烷的理化性质如表 6-4 所示。

表 6-4　甲烷的理化性质

分子式	CH₄
分子量	16
相对密度（水为 1×10^3 kg/m³）	0.42
常温沸点（℃）	−161.5
燃烧热（kJ/mol）	890.31

6.3.2.1　热辐射强度验证

本次验证取 0.4 m 的网格尺寸进行模拟，模拟区域为 20 m×50 m×50 m。喷射火通常发生在室外条件下，在软件 PyroSim 中将除地面外的其他边界设为开放边界，添加甲烷的燃烧反应和粒子模型，设置点火源表面和泄漏表面，添加点火口和泄漏口，泄漏口面积为 0.36 m²，位置为 (10,5,0)，泄漏质量速率为 3.6 kg/s。在 $x=10$ m 所在平面横向和纵向间隔 2 m 分别设置热辐射强度探测器（Radiative Heat Flux Gas），设置模拟时间为 30 s。

已知甲烷的泄漏质量速率为 3.6 kg/s，燃烧热为 55687.5 kJ/kg，根据式（6−16）可得甲烷喷射火模型距离泄漏孔 r 处的热辐射强度，可表示为式（6−20），甲烷 Thornton 模型热辐射强度与泄漏孔的距离的关系曲线如图 6−15 所示。

$$I_r = \frac{5583.7}{r^2} \tag{6-20}$$

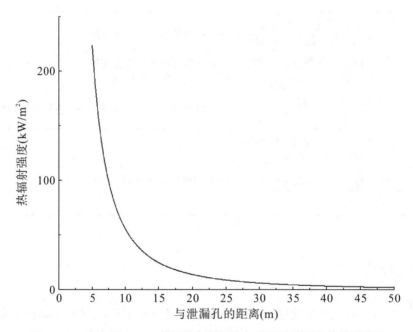

图 6−15　甲烷 Thornton 模型热辐射强度与泄漏孔的距离的关系曲线

经过 FDS 模拟，甲烷喷射火在 5 s 左右达到稳定状态，在 30 s 的模拟时间内，得到各测点热辐射强度数据 1000 组，在泄漏孔附近的几个测点所得的热辐射强度数据较大，主要受到黑体辐射和火焰影响；在喷射火焰最高处附近的热辐射强度波动较大，主要受到火焰脉动的影响。喷射火焰可以分为两部分，即火焰内部的稳态火焰和火焰外部的间歇性火焰。稳态火焰燃烧比较稳定，传热比较稳定，因此所形成的热辐射强度也比较稳定。由于随着火灾的持续发展，火焰驱动周围空气流动，冷空气下沉，热空气上升，促使火焰附近的空气形成卷吸现象，进而干扰稳态火焰的稳定性，使得稳态火焰周围出现湍流现象，间歇性火焰由此产生，引起火焰的不稳定和传热的不稳定。

为了数据的准确性，只统计火焰影响范围外 20~30 s 内处于较稳定状态的测点的热辐射强度，以同一高度最大的平均值作为此距离的热辐射强度，所得结果与 Thornton 喷射火模型进行比较，结果如图 6−16 所示。Thornton 喷射火模型计算结果与 FDS 模拟结果所得的热辐射强度变化趋势是一致的，与泄漏孔距离越远，热辐射强度越小，其变化率也越小。FDS 模拟结果与 Thornton 喷射火模型经验公式计算结果最大误差为 20%，随着距离的增大，误差逐渐减小。Thornton 喷射火模型是在理想化的辐射环境下进行计算的，而实际的喷射火热辐射强度受到火焰黑体辐射的影响，距离泄漏孔越近，黑体辐射越强，对热辐射强度的影响越大；距离越远，其影响越小。因此，Thornton 喷射火模型与 FDS 模拟的热辐射强度结果的差值会随着距离的增大而减小。

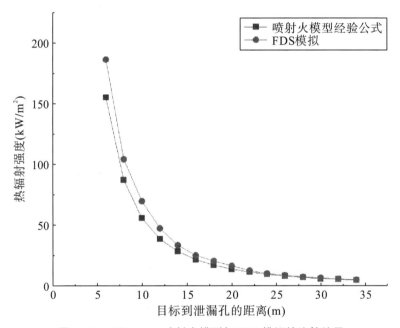

图 6－16　Thornton 喷射火模型与 FDS 模拟的比较结果

6.3.2.2　伤害半径验证

根据表 6－3 和式（6－20）计算各热辐射强度对应的理论伤害半径，与 FDS 模拟及拟合结果比较，如表 6－5 所示。由于受黑体辐射的影响，导致同一距离内 FDS 模拟热辐射强度大于 Thornton 喷射火模型，相应地等热辐射强度条件下，FDS 模拟与泄漏孔距离更近，所以 Thornton 喷射火模型的理论伤害半径比 FDS 模拟的伤害半径更大，并且随着距离的增大，误差逐渐减小。

表 6－5　Thornton 喷射火模型与 FDS 模拟伤害半径比较

热辐射强度（kW/m^2）	理论伤害半径（m）	FDS 模拟的伤害半径（m）	相对误差
37.5	12.2	14	0.13
25.0	15.0	16	0.06
12.5	21.1	22	0.04
4.0	37.4	38	0.02

热辐射强度（kW/m²）	理论伤害半径（m）	FDS模拟的伤害半径（m）	相对误差
2.0	52.8	54	0.02
1.6	59.0	60	0.01

6.3.3 喷射火场景模拟

6.3.3.1 模型建立与参数设置

以图6-4为例建立几何模型，设置0.25 m²方形泄漏口、泄漏速率为9.625 kg/s的喷射火场景，环境压力为常压101325 Pa，环境温度为20℃，模拟时间为30 s，网格大小为0.5 m，研究同一储罐储存甲烷时沿-y方向发生喷射火事故受不同风速的影响。

6.3.3.2 模拟结果与分析

对于火焰发展过程，图6-17表示无风环境下喷射火火焰发展过程，燃烧初期，泄漏的甲烷具有很高的初速度，火焰处空气压力降低，并且空气受热上升，受气压影响，甲烷与空气充分混合，喷射火在0.5 s时形成蘑菇云形状，在1.5 s时持续沿泄漏方向喷射，在2.5 s时火焰到达沿泄漏方向的最远距离，并迅速向左右和上方膨胀，蘑菇云形状的喷射火火焰逐渐变大，在3.5 s时，泄漏的甲烷经过充分燃烧，蘑菇云形状的火焰膨胀至最大范围后消失。在5.5 s后，喷射火火焰形态与喷射距离不再有大的变化。图6-18～图6-20分别表示沿x方向风速为2 m/s、5 m/s、8 m/s时的喷射火火焰发展过程，与无风环境下的喷射火火焰发展过程类似，风速条件下增加了喷射火火焰的扰动，火焰沿x方向倾斜，喷射距离有所减少，并且随着沿x方向风速的增大，喷射火火焰沿x方向更加倾斜且倾斜得越来越快，火焰稳定前的喷射距离越来越短，喷射火火焰没有直接接触到喷射方向的相邻建筑。相比于无风环境，随着风速的增大，蘑菇云形状的喷射火火焰越不明显，并且消散更快，风速为8 m/s时，蘑菇云形状的火焰迅速向x方向膨胀，充分燃烧消散后火焰倾角逐渐变缓，最后稳定沿倾斜方向形成喷射火。

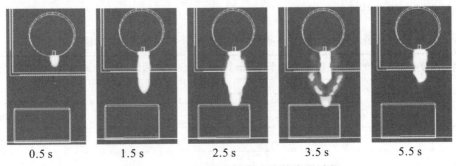

| 0.5 s | 1.5 s | 2.5 s | 3.5 s | 5.5 s |

图6-17 无风环境下喷射火火焰发展过程

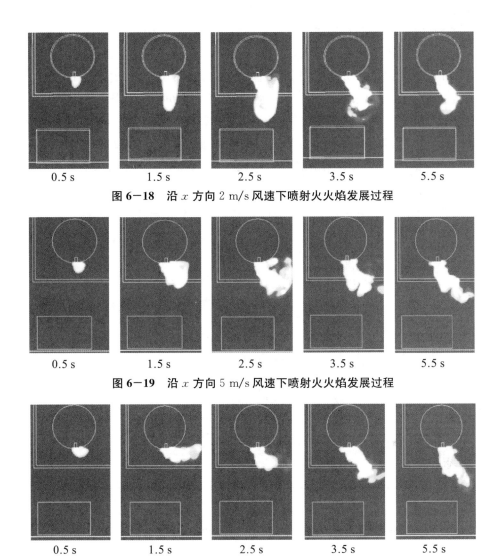

0.5 s   1.5 s   2.5 s   3.5 s   5.5 s

图 6－18 沿 *x* 方向 2 m/s 风速下喷射火火焰发展过程

0.5 s   1.5 s   2.5 s   3.5 s   5.5 s

图 6－19 沿 *x* 方向 5 m/s 风速下喷射火火焰发展过程

0.5 s   1.5 s   2.5 s   3.5 s   5.5 s

图 6－20 沿 *x* 方向 8 m/s 风速下喷射火火焰发展过程

图 6－21 表示各风速条件下 30 s 时喷射火温度场分布状况。火焰的最高温度均达到 970℃，随着风速的增大，火焰逐渐倾斜，沿喷射方向的温度分布范围逐渐减小。

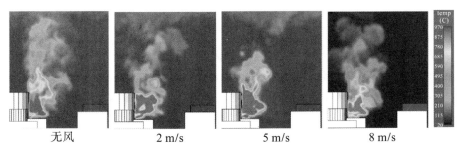

无风   2 m/s   5 m/s   8 m/s

图 6－21 各风速条件下 30 s 时喷射火温度场分布状况

  各风速条件下与事故储罐相邻的储罐温度监测均为环境温度，事故未对相邻储罐造成影响。对于喷射方向上的相邻建筑，无风环境下喷射方向相邻建筑 30 s 内最大热辐射强度在 2.64 s 时达到最大值，为 84.37 kW/m²；2 m/s 时在 2.22 s 达到最大值，为 17.57 kW/m²；8 m/s 时在 6.6 s 达到最大值，为 7.7 kW/m²。随着风速的增大，喷射方向相邻建筑受到的最大热辐射减小，并且达到最大值的时间延长。图 6-22 表示各风速条件下喷射方向上相邻建筑的温度变化。随着时间的增加，相邻建筑的表面温度呈现先增加后减小的趋势，无风时的温度最高为 35℃，随着风速的增大，温度的波动增强，20 s 后喷射火火焰较为稳定时的建筑表面温度随着风速的增大而减小，喷射火事故对相邻建筑的影响减小。

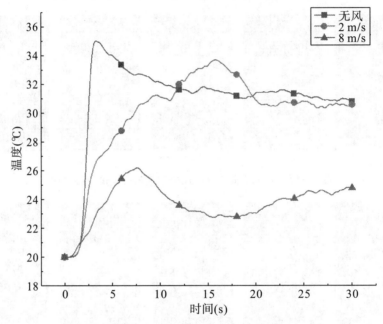

图 6-22 各风速条件下喷射方向上相邻建筑的温度变化

参考文献

［1］曹彬，张礼敬，张村峰，等. 比较 FDS 和 FLUENT 在池火灾模拟中的应用［J］. 中国安全生产科学技术，2011，7（9）：45-49.

［2］狄建华，陈方兼. FDS 软件对 LNG 储罐泄漏火灾后果的模拟［J］. 油气储运，2013，32（1）：70-77.

［3］魏尧，凌标灿，汪修全. 基于 FDS 环氧乙烷储罐火灾安全间距模拟研究［J］. 华北科技学院学报，2016，13（5）：72-76.

［4］张乙. 基于 FDS 的 LNG 储备站火灾安全分析［D］. 北京：北方工业大学，2016.

［5］周健楠，姜雯，谢飞，等. 基于 FDS 模拟的超大丙烷储罐罐内池火火灾事故后果研究［J］. 南开大学学报（自然科学版），2017，50（6）：95-98.

［6］姜巍巍，李奇，李俊杰，等. 喷射火及其热辐射影响评价模型介绍［J］. 石油化工安全环保技术，

2007 (1)：33－36，73－74.

[7] 杨军辉. 某散货船 LNG 储罐喷射火灾特性研究 [D]. 哈尔滨：哈尔滨工业大学，2018.

[8] 刘少杰，刘鹏翔，雷婷，等. 天然气管道泄漏喷射火燃烧特性研究 [J]. 安全与环境学报，2017，17 (6)：2184－2190.

[9] 黄有波，吕淑然. FDS 模拟小孔径喷射火特性的有效性研究 [J]. 消防科学与技术，2016，35 (2)：162－166.

[10] 刘欢. LPG 罐区火灾温度场数值模拟及防火间距研究 [D]. 北京：首都经济贸易大学，2016.

[11] WANG Z, HOU S Y, ZHANG M C, et al. Assessment of the mass burning rate of LNG pool fires by a validated CFD model [J]. Process Safety and Environmental Protection，2022，168：642－653.

[12] JAMES R S, HERODOTOS N P, GORDON E A, et al. Evaluation of CFD simulations of transient pool fire burning rates [J]. Journal of Loss Prevention in the Process Industries，2021，71：100495.

[13] DASGOTRA A, RANGARAJAN G, TAUSEEF S M. CFD-based study and analysis on the effectiveness of water mist in interacting pool fire suppression [J]. Process Safety and Environmental Protection，2021，152：614－629.

[14] PALACIOS A, RENGEL B. Computational analysis of vertical and horizontal jet fires [J]. Journal of Loss Prevention in the Process Industries，2020，65：104096.

[15] AHMADI O, MORTAZAVI S B, PASDARSHAHRI H, et al. Consequence analysis of large-scale pool fire in oil storage terminal based on computational fluid dynamic (CFD) [J]. Process Safety and Environmental Protection，2019，123：379－389.

第7章　化工园区安全生产及应急防控

7.1　概　述

7.1.1　背景

　　化工产业是推动社会经济发展的重要元素，是我国的支柱行业，也是传统优势产业。正值"十四五"时期，我国化工行业正处在"由大变强"的升级跨越关键期，产业结构加速调整，集群化发展明显加快，低碳产业发展趋势强劲，产业"双循环"特征更加突出，炼油等石油化工产业提升，氯碱等传统化工产业整合，新型煤化工产业升级，新材料产业大力发展，氢能等新能源大量用于化工原料，化工园区成为推动化工行业向专业化、集约化发展的重要载体。同时，仍要关注的是，化工行业高风险性质没有改变，长期快速发展积累的深层次问题尚未得到根本解决，生产、储存、运输、废弃处置等环节的传统风险仍处于高位，产业转移、老旧装置和新能源等新兴领域风险突显，风险隐患叠加并进入集中暴露期，防范化解重大安全风险任务艰巨复杂。因此，本章将对现有的应急防控理论以及发展中的安全生产和应急防控技术展开讨论。

7.1.2　安全生产现状

　　2022 年 3 月，应急管理部发布了《"十四五"危险化学品安全生产规划方案》（以下简称《规划方案》），对"十三五"以来的安全生产现状进行了总结，法律法规标准体系和监管体系逐渐健全，风险管控得到强化，安全生产的形势逐渐好转，2020 年全国化工事故起数和死亡人数较 2016 年分别下降 36％、24％，化工较大以上事故起数下降 17％。但同时，我国各类事故隐患和安全风险仍交织叠加、易发多发，安全生产法规标准执行不到位、产业结构变化导致新矛盾和新问题出现、安全治理能力不足等也是目前存在的主要困难。

　　《规划方案》同时分析总结了当前危险化学品生产存在的主要问题：一是安全发展理念落实不到位。一些地方、化工园区重发展、轻安全，统筹发展和安全的意识不强，党政领导责任、部门监管责任、企业主体责任不落实，不具备条件盲目发展化工产业，化工园区"遍地开花"，产业转移安全风险管控不到位导致事故多发。二是本质安全水平不高。不少企业特别是中小企业设计水平低，安全投入不足，自动化控制系统不完善，从业人员素质技能不高，油气管道施工质量管控不严格，烟花爆竹部分生产工序仍以手工作业为主。三是安全管理能力不强。企业安全风险分级管控与隐患排查治理水平不高，政府监管重"事后调查处理"、轻"事前风险防控"，法规标准体系不健全、落实力度不够，全国危险化学品安全监管人员具有化工、安全等专业学历的人数占比不足三分之一，对重大危险源、化工园区等的监管缺乏系统化、精准化、智能化手段。四是全链条安全管理不平衡。危险化学品生产、经营、储存、运输、使用、废弃处置等环节衔接不顺畅，一些环节的重特大事故比较集中，累积形成系统性安全风险。2017—2019 年连续发生 7 起重特大事故，"十三五"期间年均发生 1.4 起重特大事故。因此，仍然要不断提高安全生产及应急防控能力，以遏制重特大事故为首要目标，提高安全管理系统化、精准化、智能化水平。

7.2　应急防控理论

　　化工园区中通常正在加工或储存有大量危险物质，这使得事故更加容易发生，且造成的影响通常也较大。因此，对于化工园区的应急防控以防控为主，以应急行动为辅。一般来说，任何紧急事件都会在一定的时间内逐渐发展，并存在先期预兆，越早对其进行处理，事故可能导致的后果就越轻微（图 7-1）。当然有些事故几乎是突然发生，且升级时间极短，我们很难在发生后进行早期抑制，但可以通过完善的预案，准备充分的应急行动来尽可能减轻事故导致的损失。可以看出，越早对潜在风险进行处理，事故可能产生的后果就越小，因此，应急防控应当以预防为主要手段，在危险预兆出现时及时察觉并预警，进行合适的处理以解决潜在的风险，尽可能从源头上杜绝事故的发生。这就需要在政策推动下，建立完善的监管机制，以园区管委会为基础单位，对下辖企业、单位的安全负责；同时制定完备的应急预案以防可能出现的泄露、火灾、爆炸等突发事件，及时应急响应行动减轻事故后果，以保障生命和财产安全。

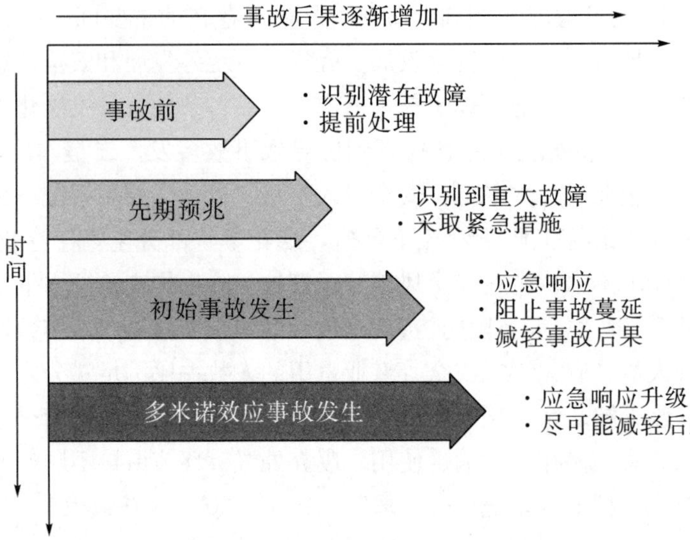

图 7-1　事故发展的典型阶段

根据中共中央办公厅、国务院办公厅印发的《关于全面加强危险化学品安全生产工作的意见》，要求从安全风险管控、全链条安全管理、企业主体责任落实、基础支撑保障和安全监管能力五个方面加强应急管控能力，这为建立应急防控体系提供了立足点。为强化安全风险治理，全面提升重大安全风险防控能力，应急管理部在《规划方案》中提出了包含安全生产责任体系、隐患排查治理体系、安全预防控制体系、本质安全发展体系、从业人员培训体系和基础支撑保障体系在内的危险化学品安全治理体系。这既是化工园区安全生产和应急防控规划的要求，也可以作为构造合理的园区安全治理体系的提纲。

（1）安全生产责任体系。

为确保安全生产措施的有效性，强化企业自我监管的能力，应当建立合适的安全生产责任体系。首先要压实企业主体责任，推动企业建立健全企业内部从主要负责人（法定代表人、实际控制人）到一线岗位员工的全员安全生产责任制。确保重大危险源有人负责、有人评估，“两重点一重大”企业有负责的安全总监和安全管理技术团队，并按要求配备了注册安全工程师。负责人需要进行培训考核，达到标准才可允许上岗。其次是强化化工园区的安全监管能力，推行“互联网+监管”“互联网+执法”模式，建立线上监测预警和线上线下监管相衔接的机制，推动配齐专业监管人员，保证园区内所有企业风险源都有人监管，做到企业高危作业报告有人察看。

（2）隐患排查治理体系。

坚持问题导向，建立发现问题、解决问题工作推进机制，健全企业隐患排查治理体系，提高专项排查整治的有效性，推动企业由被动接受安全监管向主动开展安全管理转变，由政府为主的行政执法检查向企业为主的日常化隐患排查转变。要完善隐患排查治理制度，根据相关企业安全风险隐患排查治理规定，以安全风险分级管控为基础，指派负责人定期检查各等级危险源，并上报至园区，园区负责确认风险排查结果，督促企业负责人自查自改自报。同时开展专项排查整治行动，园区需要推进以重大危险源、重点行业为主要对象的常规性专项检查，及时组织以事故教训吸取、重大活动期间隐患排查整治为内容的非常规专项排查整治。从 18 种危险化工工艺目录中选择重点工艺，从 74 种危险化学品名录和 20 种特别管控危险化学品目录中选择重点化学品等实施专项整治行动，同时建立完善重点专项整治督导通报制度，健全重大隐患整改交办、督办制度，压实企业隐患整改责任，以防范重点部位、关键环节的安全风险。

（3）安全预防控制体系。

安全预防需要做到关口前移、从源头上防范，突出重大安全风险管控，全面提升化学品风险辨识、重大危险源精准监管、高风险分级管控和企业安全管理水平，构建制度完备、执行有力、平台支撑、精准有效的安全预防控制体系。从监管化工企业各个风险流程入手，建立完善的管控机制，危化品储量和风险等信息、高危作业许可信息、重大危险源信息、高危工艺信息、企业管理信息等都需要纳入管控中，园区基于企业风险信息做好双重预防工作，对企业高危作业许可严格把关。同时，将风险监测预警系统功能和基础设施进行升级，确保园区或更上层部门能够监测企业风险，并得到实时预警。

（4）本质安全发展体系。

对于本质安全不过关的老旧装置或企业应做到提质升级和分类整治，对非法违法"小化工"企业进行专项治理，做好化工园区的本质安全工作是降低事故发生率的最根本的手段。从园区规划开始就应做好引导工作，明确产业定位，建立多部门参与的规划编制协调沟通机制，制定完善化工产业发展规划。严格控制涉及光气、氯气、氨气等有毒气体和爆炸物的建设项目，严禁已淘汰的落后产能异地落户和进园入区。化工企业的项目风险要严格把关，落实涉及"两重点一重大"的大型化工企业资质，完善项目安全审查制度，积极采用先进安全技术和安全风险管理方法以及最严格的标准，提高本质安全设计水平，消除潜在隐患。对于高危企业周边，若有不符合安全距离的建筑或自然环境，应及时进行改造，实现化工园区的封闭化管理。同时将落后的工艺设备持续进行淘汰，加快工艺自动化的进程，保证工艺流程的可靠性。

（5）从业人员培训体系。

不专业的操作是导致化工园区事故发生的最主要途径之一。加快推进从业人员的培训工作，构建标准规范相统一、载体丰富、线上线下融合、有效供给多样的教育培训体系，才能有效降低园区风险，保证生产全过程的安全可靠性。首先，要强化企业安全管理技术专业团队建设，从上层保障企业的生产和管理的可靠性；其次，提升重点岗位操作人员的安全技能，严格依法实施资格条件和培训考试、持证上岗制度，保证风险作业的安全性；然后，需要强化危险化学品安全监管队伍建设，实现具有化工安全相关专业学历或实践经验的执法人员数量达到在职人员的 75% 以上，保证企业运行的稳定性；最后，要推进企业内部的扫盲工作，使得人人了解安全知识，掌握应急防控相关知识和手段，在出现紧急情况时做出正确的应对。

（6）基础支撑保障体系。

基础支撑保障体系从推进安全管理数字化到提升应急救援能力着手，建设企业和化工园区安全风险智能化管控平台，包括集重大危险源管理、双重预防机制、特殊作业管理、智能巡检、人员定位等功能为一体的企业平台，以及集安全基础管理、重大危险源管理、双重预防机制、特殊作业管理、封闭化管理、敏捷应急等功能为一体的化工园区平台。升级危险化学品安全风险监测预警系统，重点推进功能迭代和应用拓展，实现部、省、市、县、园区与企业上下贯通、联网管控。应当制定完善的应急预案，推动企业园区协同演练，同时基于园区实际情况，强化危险化学品应急救援人员、装备、设施的政策支持，加大应急救援能力建设资金投入，统筹危险化学品应急救援队伍建设，建立健全应急资源信息系统，保障紧急情况有物资、有装备、有专业救援人员可用。

总的来说，就是要用好信息技术和新兴技术，以园区为基本单位，推进互联网＋安全生产和应急防控建设，将企业的高危风险源透明化、可视化，做到上下贯通、全过程的风险管控；同时加强对人为风险因素的监管和提升本质安全水平，提高从业人员素质，整治或升级不合格设备，降低意外的无法被监测的事故风险；还需要做好完备的应急预案，合理地统筹物资装备和人员，在事故发生时尽可能降低损失，保证人民的生命和财产安全。

7.3 应急防控技术

有了具体详细的理论指导，还需要做的就是利用技术完善应急防控的构架。许多新兴的研究领域能对安全生产和应急防控有所帮助，例如云技术、人工智能技术、多米诺效应相关的探索、多机构协同的探索、GIS技术、仿真技术等。下面对人工智能技术、多米诺效应和多机构协同进行简要的介绍，说明它们的作用以及如何应用于安全生产。

7.3.1 人工智能技术

自人工智能技术被提出以来，在医疗、交通、安防等多个领域得到了广泛的应用，以改进或辅助专业领域人士的工作。同样，人工智能技术也能被我们所利用，因为在交通和安防方面的许多应用与应急防控有很大的相关性。在目前的研究进展下，主要有机器学习和计算机视觉两类可供我们参考，两者又互相有所关联。

在机器学习方法层面，能够应用于应急领域的技术分为数据训练方法和优化算法两大类。数据训练方法能够有效地进行危险源的探测，或者为现场实时决策提供支持，特别是通过不同的人工网络，经过大量过往数据的训练，能够对今后发生在现场的情形进行推理，得出较优的处理方案，为现场决策人员提供参考。优化算法能够为我们提供包括路径规划、资源分配在内的一系列信息支持。目前数据训练方法多是由神经网络和深度学习两种方法开展的，甚至是将两者结合。

计算机视觉的目的是让计算机理解各种设备捕获到的图像或视频内容并代替人类对其进行分析处理，适合于拥有大量图像数据的领域，而化工园区恰好是配备有大量摄像头的区域，因此，不管是对于早期的安全防控还是应急响应来说，计算机视觉都是十分适合应用的工具。在神经网络高度发展的现在，计算机视觉技术也多是利用神经网络或深度学习算法来对图像进行分类训练，通过神经网络对相关数据进行学习，提取相关的表征，将对火源等危险源的识别率提到极高的水平，如图 7-2 所示。同时，计算机视觉技术还能检测到工人的危险行为等，这为解决人为因素造成的危害提供了一种解决方案。

图 7-2　不同算法检测的结果，从上到下依次是支持向量机算法、卷积神经网络算法、
卷积神经网络和非线性神经网络结合的算法

7.3.2　多米诺效应

由于化工设备集群的存在，多米诺效应显然是化工园区存在的一大主要问题，对多米诺效应有更深入的研究和防范是十分必要的。化工园区中的多米诺效应被定义为：一个非预期发生的主要事件在设备内或/和向附近的设备依次或同时传播，触发一个或多个次要的非预期事件，进而可能触发进一步（更高级别）的事件，导致比主要事件更严重的总体后果，这类事故叫作多米诺效应事故。由此可见，多米诺效应应当具有空间和时间两种特征。

在空间上，由于化工园区的高风险设备密集，多米诺效应更容易发生，这是由化工园区自身特性所决定的。多米诺效应事故的发生至少需要三个元素：主要事故发生的场景，主要事故影响的传播（升级），次要事故被传播的场景。因此，设备的空间分布会极大地影响多米诺效应的发生，在空间上，防控多米诺效应可以从三个方面入手。从主要事故发生的场景来看，尽可能避免主要事件的发生是重要且十分必要的，这不但是防止多米诺效应发生的源头所在，也是事故后果最轻微的，能极大地避免人员、财产的浪费。这就需要做好危险源控制的工作，将人工智能应用到危险源防控领域能够极大地提升监测的敏感度和能力。从主要事故影响的传播或者升级效应来看，在主要事件周边布设一定保护层以阻断传播是有积极意义的。这涉及保护层分析（LOPA）相关的内容，从某一典型化工装置的整个生命周期来看，独立保护层一般设计为过程设计、基本过程控制系统、警报与人员干预、安全仪表系统、物理防护、释放后物理防护、工厂紧急响应以及社区应急响应等，物理性的防护层一般情况下能为阻断事件在装置间的传播提供良好的防护。从次要事故被传播的场景来看，初始事件的传播会随着距离有一定程度的衰减，因此，保障装置之间的安全距离也是重要的举措，同时提高装置的可靠性，在一定程度的冲击或受热效果下不会轻易崩溃。

在时间上，多米诺效应的产生需要初始事件的影响扩散到附近危险源，因此其具有时间依赖性。通常来说，引发多米诺效应的初始事件有两种：火灾或爆炸（或者两种皆有）。爆炸引发的超压效应会极其迅速地导致次要事件的发生（如果条件满足），而火灾引发的热辐射传播速度则较为缓慢。在这个过程中，如果有足够的预防措施或应急行动阻断风险传播，则可以阻止多米诺效应事故的发生。发生在一次事故开始和二次设备故障之间的时间间隔通常称为故障时间（Time to Failure，TTF），同时有研究将应急响应行动缓解灾害的时间称为缓解时间（Time for Mitigation，TFM），只要 TFM 小于 TTF，则应急响应行为就能够有效阻止多米诺效应事故的发生。对于不同的设备，由于材料、工艺、强度、内容物等元素的不同，TTF 的确定方法是不尽相同的，并且需要繁复冗长的计算过程。而对于 TFM，同样取决于许多因素，如现场的保护层设施、消防队伍的响应时间、物资的供应时间及数量等。基于 TTF，着火设备损坏的估计概率为

$$P_d = a + b\ln(TTF) \qquad (7-1)$$

式中，P_d 为设备损坏概率，a,b 为不同设备情况下的概率系数，TTF 为故障时间。随着时间的增加，损坏概率逐渐升高，直到设备损坏为止。表7-1列出了不同情况下概率系数的取值。

表7-1 不同情况下概率系数的取值

系数	炼油厂罐区	液化石油气储存设施	近海装置
a	9.261	9.261	8.616
b	-1.850	-1.850	-2.126

总的来说，化工园区多米诺效应的特征可以总结成如图7-3所示的内容。

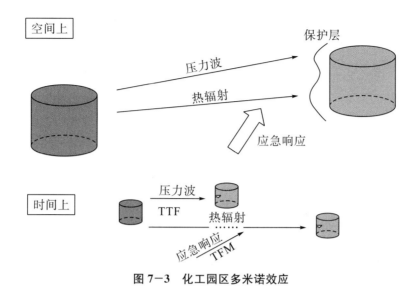

图 7-3　化工园区多米诺效应

7.3.3　多机构协同

化工园区是涉及不同企业、政府、环保、消防等多个部门的复杂单位，特别是在应急行动中，时常有不同部门之间协调不畅的情况出现，因此，部门之间如何合作，如何通过合作更好地利用可调配的资源完成任务，是需要考虑的问题。目前的研究普遍认为，多机构协同响应的困难主要在于组织架构和通信交流两个方面。

不同机构的组织架构不同是多机构合作困难的根本所在。尽管每个机构都有着应对自己日常所处理问题的完善程序，但在灾难发生时，由于各个机构的侧重点不同，协调工作就变得更为困难，对其他组织的贡献和资源的了解不清晰，对其他组织的角色和定位不准确，对分布式的情境感知认知不一致，都会极大地影响组织间的协调。各自独立的部门通常有着属于自己的不公开的信息系统和资源系统，这就导致资源可能无法得到及时有效的利用。有测试表明，尽管只有常见的警察、消防、卫生三方参与，平时也对彼此有一定的了解，但在紧急情况下，这三个机构对于如何解决一种局势仍然难以达成一致，而实际的应急响应通常不止有这些机构，这会导致更复杂的情形出现。因此，如何保证不同机构对当前局面的分布式情境感知，对机构间的协调是十分必要的。

然而，保持相同情境感知的关键在于良好的沟通，但良好的沟通和通信交流在应急情形下却难以达成。原因同样是多方面的，如传统通信手段技术的局限性、个体更关心接收信息以利于自己的行动而不是传递信息、对其他机构成员的信任度不足等。对此，可以在应急预案中考虑多机构协同的实施方案，指派应急指挥负责人，组织成员接受充分的培训，平时与其他机构加强沟通，建立信任体系，搭建适应性的交流网络以满足战时多机构协调的需求。同时，智能信息系统的建立似乎是一个解决这些问题的不错的选择，使用合适的信息系统可以提高技术和组织能力，促进及时、准确的信息交换。可以通过人工智能技术作为部门之间的桥梁，通过信息系统接受所有信息，在合理的时间内为不同部门协调可利用的资源，给定不同的任务，并对不同的机构分别提出辅助决策的方案，或者辅助相关部门发布任务要求等。目前相关技术还不成熟，但可以期待未来有这样的发展。

7.4　小　结

从当前化工园区的发展现状来看，安全生产和应急防控仍然是需要关注的问题。本章对安全生产和应急防控的相关理论和技术进行了介绍，从化工园区的角度阐释了安防治理体系的内容，包括当前形势下化工园区应该做什么，如何去做，怎么做好安防工作，同时对正在发展的研究中的技术和理论进行了一些阐述和讨论，但如何将相关发展中的技术应用到理论与实践中，仍需要我们不断地进行探索。

参考文献

[1] 中华人民共和国应急管理部. 关于印发《危险化学品生产建设项目安全风险防控指南（试行）》的通知 [EB/OL]. 2022-06-22.

[2] 中华人民共和国应急管理部. 应急管理部关于印发《"十四五"危险化学品安全生产规划方案》的通知 [EB/OL]. 2022-03-21.

[3] 中华人民共和国中央人民政府. 中共中央办公厅 国务院办公厅印发《关于全面加强危险化学品安全生产工作的意见》[EB/OL]. 2022-02-26.

[4] ABDEEN F N, FERNANDO T, KULATUNGA U, et al. Challenges in multi-agency collaboration in disaster management: a Sri Lankan perspective [J]. Int. J. Disaster Risk Reduc., 2021, 62: 102399.

[5] O'BRIEN A, READ G J M, SALMON P M. Situation Awareness in multi-agency emergency response: models, methods and applications [J]. Int. J. Disaster Risk Reduct., 2020, 48: 101634.

[6] ALIDOOST F, AREFI H. Application of deep learning for emergency response and disaster management [C]. Proceedings of the AGSE Eighth International Summer School and Conference, university of Tehran, Tehran, Iran, 2017: 11-17.

[7] TONG X, YU S, LIU G, et al. A hybrid formation path planning based on A* and multi-target improved artificial potential field algorithm in the 2D random environments [J]. Adv. Eng. Inform., 2022, 54: 101755.

[8] KHAKZAD N, KHAN F, AMYOTTE P, et al. Domino effect analysis using bayesian networks [J]. Risk Anal., 2013, 33 (2): 292-306.

[9] ZHANG, L, LANDUCCI G, RENIERS G, et al. DAMS: A Model to Assess Domino Effects by Using Agent-Based Modeling and Simulation [J]. Risk Anal., 2018, 38 (8): 1585-1600.

[10] 陈培珠，陈国华，门金坤. 化工园区应急响应阶段应急救援与疏散双向路径规划 [J]. 化工进展，

2022，41（1）：503－512.

［11］陈伟，温晋锋，钱城江. 化工企业事故决策者风险感知模拟预测研究［J］. 中国安全生产科学技术，2016，12（8）：92－98.

［12］林必昂. 石油化工园区事故多米诺效应模型［J］. 消防科学与技术，2014（7）：832－835.

第8章 化工园区及企业安全应急信息化

8.1 需求、现状和政策导向

当前我国化工行业生产总量不断增长，2019年以来，化工园区和企业数量激增，整个行业呈现的特点是多样化、复杂化、精细化、聚集化的。化工行业当前面临的转变主要是由化工大国向强国转变，从只重视生产向重视安全环保转变。为了有效防范和化解重大安全风险，遏制事故多发势头，国家出台了一系列政策，实施了一系列举措。

2020年2月，中共中央办公厅、国务院办公厅印发了《关于全面加强危险化学品安全生产工作的意见》，意见从强化安全风险管控、强化全链条安全管理、强化企业主体责任落实、强化基础支撑保障、强化安全监管能力等方面对今后的工作做出了要求，其中强调了提高科技与信息化水平："（十）提高科技与信息化水平。强化危险化学品安全研究支撑，加强危险化学品安全相关国家级科技创新平台建设，开展基础性、前瞻性研究。研究建立危险化学品全生命周期信息监管系统，综合利用电子标签、大数据、人工智能等高新技术，对生产、贮存、运输、使用、经营、废弃处置等各环节进行全过程信息化管理和监控，实现危险化学品来源可循、去向可溯、状态可控，做到企业、监管部门、执法部门及应急救援部门之间互联互通。将安全生产行政处罚信息统一纳入监管执法信息化系统，实现信息共享，取代层层备案。加强化工危险工艺本质安全、大型储罐安全保障、化工园区安全环保一体化风险防控等技术及装备研发。推进化工园区安全生产信息化智能化平台建设，实现对园区内企业、重点场所、重大危险源、基础设施实时风险监控预警。加快建成应急管理部门与辖区内化工园区和危险化学品企业联网的远程监控系统。"

2020年4月，国务院安全生产委员会发布了《全国安全生产专项整治三年行动计划》。新修订的《中华人民共和国安全生产法》自2021年9月1日起施行。2021年12月31日，国务院安全生产委员会发布了《全国危险化学品安全风险集中治理方案》。2022年3月，应急部印发了《"十四五"危险化学品安全生产规划方案》。

据统计，自2020年三年行动计划发布以来到2021年底，针对化工行业采取的举措包括：已实现对全国2.3万处危险化学品重大危险源全面实行安全包保、联网监测预警；每年 2 次的全覆盖督导检查；淘汰退出或责令停产停业整顿 754 家，改造提升 4780 家；整治非法违法"小化工"2769 家，会同工信部推进城镇人口密集区 1132 家生产企业搬迁改造；对 53 个危险化学品重点县开展 6 轮专家指导服务；推动 1.7 万家企业、55.3 万专职安全管理人员完成安全资质对标；遴选化工安全学历提升院校 305 所，7.5 万人参加提升；组织开展企业安全培训空间和实训基地建设，496 家企业、148 个化工园区进行试点；应急管理部会同人力资源和社会保障部启动工伤事故预防能力提升培训工程。在各方共同努力下，全国危险化学品安全生产形势持续稳定。2021 年，全国共发生化工事故 122 起、死亡 150 人，同比减少 22 起、28 人，分别下降 15.3% 和 15.7%，比 2019 年减少 42 起、124 人，分别下降 25.6% 和 45.3%。较大事故起数首次降至个位数，已连续 30 多个月未发生重特大事故，创造了有统计记录以来的最长间隔期。

在当今通信和信息技术不断发展的时代背景下，使用科技与信息化解决化工行业存在的难点、痛点问题也成为当前必不可少的有效管控方式之一。尤其是把物联网、大数据、人工智能、云计算、工业 App 等工业互联网技术运用到化工行业，成为当前的重要解决方案。"十四五"规划三提工业互联网、连续四年写入政府工作报告、新的三年行动计划发布，工业互联网已从探索期进入实践应用深耕期，正迈入快速成长期。目前工业和信息化部已发布了两个三年行动计划：《工业互联网发展行动计划（2018—2020 年）》《工业互联网发展行动计划（2021—2023 年）》，为推动工业互联网的发展提出了很多具体的举措。在应急和安全生产领域，工业和信息化部、应急管理部也一同发布了一些政策性和指南性文件。2020 年 10 月 14 日，工业和信息化部、应急管理部印发了《"工业互联网+安全生产"行动计划（2021—2023 年）》，提出到 2023 年底，工业互联网与安全生产协同推进发展格局基本形成，工业企业本质安全水平明显增强。2021 年 3 月，应急管理部印发了《"工业互联网+危化安全生产"试点建设方案》，提出在危险化学品领域推动工业互联网、大数据、人工智能（AI）等新一代信息技术与传统安全生产管理的深度融合，并提出选择试点企业、试点园区、试点省份先行建设，形成可复制可推广和成熟有效的解决方案，有效带动"工业互联网+危化安全生产"试点建设。目前有国家级试点单位 80 家。2021 年 9 月，应急管理部印发了《"工业互联网+危化安全生产"特殊作业许可与作业过程管理系统建设应用指南（试行）》《"工业互联网+危化安全生产"智能巡检系统建设应用指南（试行）》《"工业互联网+危化安全生产"人员定位系统建设应用指南（试行）》等。2022 年 2 月，应急管理部印发了《化工园区安全风险智能化管控平台建设指南（试行）》和《危险化学品企业安全风险智能化管控平台建设指南（试行）》，为化工园区和危化企业的安全风险智能化管控平台建设提供了指导意见。2018 年，应急管理部成立以来，陆续在全国化工行业推进科技信息化建设，包括：2018 年开展的风险研判与承诺公告制度，2019 年以来的重大危险源监测预警系统建设，2020 年以来的双重预防机制数字化等。另外，各地方也陆续发布了相关政策和指南，尤其是化工安全风险相对较高的江苏、山东、河北等省。山东省在 2021 年 7 月和 9 月分别发布了《加快推进全省危险化学品安全生产信息化、智能化建设的建议方案》《全省危险化学品安全生产信息化建设与应用工作方案

（2021—2022 年）》。2020 年河北省发布了《河北省石化工业数字化转型行动计划（2020—2022 年）》，2021 年沧州市发布了《沧州市化工企业安全生产信息化管理平台建设工作方案》《沧州市化工医药企业安全生产数字化管理平台建设实施方案》。而江苏省早在 2019 年就发布了《江苏省化工企业安全生产信息化管理平台建设基本要求（试行）》等文件，化工企业和化工园区信息化建设的步伐都位于全国前列。

8.2　工业互联网＋危化安全生产

8.2.1　概述

工业互联网的概念最早可追溯到 1998 年，甚至更早，虽然当时的技术条件还不成熟，但是已经有很多人开始设想工业互联网的概念。从概念来说，工业互联网就是工业革命带来的机器、设施和系统网络与互联网革命带来的智能设备、智能网络和智能决策间的融合，是数据流、硬件、软件和智能的交互。工业互联网需要集成移动互联网、云计算、大数据、物联网等技术，只有协同发展才有未来。目前，全球工业互联网平台市场持续呈现高速增长态势，工业互联网在先进制造业行业已有较为成熟的应用。例如，美国通用电气在 2013 年构建了工业互联网产品 Predix 平台，主要包括资产安全监控、工业数据管理、工业数据分析、云技术应用和移动性的四大核心业务功能；西门子推出了开放式物联网云平台 MindSphere。国内工业互联网技术正处于从概念到实践的过渡阶段，并结合我国国情出台了诸多推动政策和实施方案，华为 FusionPlant 平台、阿里 SupET 平台等具有一定行业影响力的工业互联网平台正不断涌现。

2021 年应急管理部发布了《"工业互联网＋危化安全生产"试点建设方案》，这是落实《"工业互联网＋安全生产"行动计划（2021—2023 年）》的具体方案。方案不仅明确了建设目标和内容，还对如何进行试点建设和保障措施进行了阐述。方案从企业、园区、行业、政府四个层面明确了"工业互联网＋危化安全生产"试点建设的目标，不仅强调了运用工业互联网的技术提高安全生产水平，也强调了培养一批工业互联网的软硬件供应商。方案的主要内容分为场景、工业 App 和工业机理模型三个方面。

方案从企业场景、集团公司场景、园区和行业场景、政府场景四个方面阐述了建设场景，其中细化了企业场景 17 个，园区和行业场景 9 个。企业场景包括：①企业安全信息数据库建设与数字交付；②重大危险源管理；③作业许可和作业过程管理；④培训管理；⑤风险分级管控和隐患排查治理管理；⑥设备完整性管理与预测性维修；⑦承包商管理；⑧自动化过程控制优化；⑨流通管理；⑩敏捷应急；⑪工艺生产报警优化管理；⑫封闭管理；⑬企业安全生产分析预警；⑭人员不安全行为管控；⑮作业环境、异常状态监控；

⑯绩效考核和安全审计；⑰能源综合管理。园区和行业场景包括：①企业安全管理体系运行状态监控；②重大危险源安全生产风险监测预警平台应用；③提升安全生产许可、监管、执法信息化水平；④探索第三方评价评估云端化和动态化；⑤诚信体系管理；⑥封闭化管理；⑦易燃易爆有毒有害气体预警报警；⑧园区、区域安全生产分析预警；⑨园区敏捷联动应急。

方案明确了 21 种工业 App：①MSDS App；②设备完整性管理与预测性维修 App；③控制系统性能诊断 App；④自动化过程控制优化 App；⑤重大危险源管理 App；⑥作业许可和作业过程管理 App；⑦培训管理 App；⑧风险分级管控和隐患排查治理管理 App；⑨承包商管理 App；⑩人员定位 App；⑪智能巡检 App；⑫智能事故与应急处置 App；⑬应急资源目录及数据库管理 App；⑭应急救援仿真模拟推演 App；⑮多主体协同应急处置模拟仿真 App；⑯智慧化园区安全应急管理 App；⑰封闭管理 App；⑱安全生产预警指数 App；⑲人员不安全行为管理 App；⑳视频智能预警 App；㉑危险化学品全生命周期、全流程监管 App。

方案明确了 11 种工业机理模型：①重大危险源安全生产风险评估和预警模型；②培训效果评估模型；③承包商表现评估模型；④设备健康评估模型；⑤设备预测性检维修模型；⑥控制系统性能诊断模型；⑦优化控制模型；⑧全流程监管模型；⑨安全生产预警指数模型；⑩人员异常智能分析模型；⑪作业环境、异常状态识别分析模型。

2021 年 9 月，应急管理部印发了《"工业互联网＋危化安全生产"特殊作业许可与作业过程管理系统建设应用指南（试行）》《"工业互联网＋危化安全生产"智能巡检系统建设应用指南（试行）》《"工业互联网＋危化安全生产"人员定位系统建设应用指南（试行）》。这三项建设指南是三个场景的详细建设指南，是目前比较成熟的应用场景。2022年，应急管理部还陆续发布了其他场景的详细建设指南，如设备完整性管理与预测性维修、自动化过程控制优化、工艺生产报警优化管理、培训管理、承包商管理等。

8.2.2　试点建设情况

应急管理部在全国选择了 80 家园区和企业作为"工业互联网＋危化安全生产"的试点建设单位，并对 80 家单位的建设方案进行了评审。2022 年 4 月，应急管理部从这 80家试点建设单位的方案中遴选了 10 个优秀案例供其他单位学习借鉴。10 个优秀案例中包括 2 个化工园区、7 个化工企业和 1 个中央企业集团，分别是浙江头门港经济开发区、江苏扬子江国际化学工业园、中国石油长庆石化分公司、惠州宇新化工有限责任公司、鲁西化工集团股份有限公司、广安利尔化学有限公司、上海氯碱化工股份有限公司、中煤陕西榆林能源化工有限公司、湖北三宁化工股份有限公司、中国中化集团有限公司。

8.2.3　连接

连接是数字化最基本的内容。互联网、移动互联网、物联网的突破性发展颠覆了人与人、人与物、物与物之间的连接方式。基于互联网，企业内部各个部门、企业与企业之间、企业与管理机构之间的人员都可以建立连接，快速开展协作。近年来，不只是安全生产领域，各种连接技术在化工园区、化工企业的生产、存储、运输等方面都有所应用。运用各种连接手段对于园区、企业的安全管理来说能够起到增加感知手段，增加实时性、准确性，提高管理效率等作用。在"工业互联网+危化安全生产"的总体架构中，往往把感知层/边缘层作为最底层。

可连接的数据包括但不限于企业的液位、温度、压力、料位、流量、阀位和介质组分等工艺参数，可燃气体浓度、有毒气体浓度或助燃气体浓度等气体浓度参数，气温、风速、风向等环境参数，明火和烟气，重要物料机泵状态，接地电阻及相关监测设备供电状态，消防泵状态和消防水池水位等消防重要参数，周界报警信号，音视频和人员进出信息等关键参数。

为了更好地实现物与物之间的连接，网络环境也很重要，建设 5G 专网、厂区 WiFi覆盖等方式能够有效提升传输速度和带宽。为了实现更加直观的感知效果，地理位置信息的应用也非常关键，可以利用北斗定位、短距离通信技术定位（UWB、蓝牙、Rola、ZigBee）等技术获取人、物的实时位置信息。在应用层还需要结合 GIS 地图引擎、厂区三维建模（倾斜摄像、BIM 等）、数字孪生等方式将地理位置信息与物联感知信息、业务数据信息有效结合并直观展示。

工业环境中各种装置、设备、传感器较多，这些设备的新旧程度不同，为了实现物联感知，还需要整合各种不同的传输协议。兼容支持通用串行通信协议、用户数据报协议/传输控制协议（Modbus UDP/TCP）、过程控制的对象连接与嵌入标准实时数据访问规范/统一架构（OPC DA/UA）、消息队列遥测传输（MQTT）、WebSocket 等标准协议和私有协议，构建具备敏捷连接、精准感知、低延迟的感知监测能力，实现不同格式、维度的数据融合，满足企业安全风险管控在全局协同、优化控制和敏捷应急等方面的关键需求。数据的接入是工业互联网平台的基础，也是核心，数据接入难、数据质量差、数据时效性得不到保障等原因会导致平台建设后数据指导决策的价值发挥不出来。在浙江头门港经济开发区的试点建设方案中提出了建设边缘一体机和边缘一体化平台管理的概念。方案中提到建设边缘侧数据集成系统，实现与企业信息资源系统、二道门系统、危险化学品仓储智能管理系统、人员定位系统、GDS 数据、DCS 系统等的数据集成。支持在设备侧硬件部署边缘一体机平台，边缘一体机平台能够支撑边缘侧本地业务的实时智能化处理与快速执行响应，并在边缘节点形成本地闭环，减少到数据中心的回程通信量，满足对业务实时性、智能化、隐私保护等多方面的需求。主要功能包括网络配置、驱动管理、物联网边缘采集、业务数据边缘采集。

8.2.4　数据

数据是数字化的基础。在数字化时代，数据既是数字化的基础，也决定了数字化的价值。数字化转型的推进，使得企业的数据生态发生了极大的变化。这些丰富的数据海洋给我们提供了无限的可能，企业可以通过这些数据来理解和分析业务，做出决策后再应用到现实中。在"工业互联网＋危化安全生产"信息化平台的建设中，数据的来源主要有三个方面：一是通过各种感知设备或连接方式获取到的时序数据；二是企业管理所需的各种静态数据或经验知识库，如人员、部门、装置、设备、规章制度、法律法规、标准规范、知识库等；三是企业运用工业 App 进行各种日常工作产生的业务数据，如企业风险分级管控数据、隐患排查治理数据、特殊作业开票数据、培训考试数据、设备维护保养数据等。

数据的来源多、质量差、标准不统一往往是大数据应用面临的最大问题，为了更好地应用这些数据，让数据发挥出更大价值，制定数据标准规范非常重要。《"工业互联网＋危化安全生产"试点建设方案》中提出了数据标准的制定计划：编制《"工业互联网＋危化安全生产"管理体系基础和术语》《"工业互联网＋危化安全生产"管理体系要求》《"工业互联网＋危化安全生产"管理体系实施指南》《"工业互联网＋危化安全生产"管理体系评定指南》等总体性标准，编制《"工业互联网＋危化安全生产"工业 App 分类分级和测评标准》《"工业互联网＋危化安全生产"企业端数据接口规范》《"工业互联网＋危化安全生产"监管平台端数据接口规范》《"工业互联网＋危化安全生产"大数据采集规范》《"工业互联网＋危化安全生产"数据标准化规范》等关键基础共性标准，明确各地建立、实施、保持和改进实施过程中管理机制的通用方法，规范、指导各地建设应用过程，并使其持续受控，形成获取可持续竞争优势所要求的信息化环境下的新型能力。

江苏扬子江国际化学工业园的建设方案站在数据的角度，从"数据仓库""数据模型""数据服务"三个方面进行了设计。数据仓库需要从建设统一的数据标准、数据集成与管理、数据梳理与编目、数据资源检索等方面进行考虑。数据仓库是数据管理的基础，而数据模型是数据管理的核心。数据模型的建设包括行业数学模型、算法开发、模型开发工具等。在行业数学模型方面，结合危险化学品运输流向可视化跟踪预警模型、危险化学品流向数量闭合校验模型、危险化学品运输超量预警模型、运输流向异常变化跟踪预警模型及危险化学品运输流向时空集聚跟踪预警模型，对危险化学品全生命周期进行跟踪管理。在人员异常智能分析模型中，建立人员不安全行为样本库，利用人体目标监测、底层特征提取、人体行为建模、人体行为识别等算法，实现对人体目标的追踪和人员不安全行为的识别，并对不安全行为进行分级预警。在作业环境、异常状态识别分析模型中，利用远距离红外探测技术、红外热成像分析、可见光分析、激光光谱分析等方法，结合危险化学品领域常见的气体光谱数据，对火灾、烟雾、泄漏等异常情况进行识别。同时结合气体扩散模型、火灾传播模型等，对异常情况的严重程度进行分析判断，并进行分级预警。算法管理包括原子算法管理、原子操作管理、原子服务管理、伪码编程管理、工具包管理等功能，这些功能为平台可扩展性提供了支撑，主要是面向平台管理人员开放，可以灵活配置各种算法、操作、服务，并且可以把常用的操作集成为工具包，提供给建模人员使用。模型开发工具支持离线建模和线上分析建模两种方式。在离线建模流程中，业务人员通过定义计算流程图，来定义和执行人工智能计算任务，完成建模工作，具体包括数据获取、样本提取、数据预处理、特征工程、模型训练、模型评估、模型存储等功能。在线上分析建模流程中，平台根据业务人员配置的任务及环境参数，对实时数据流进行检测或分析，提供智能业务服务，为用户创造数据价值。数据服务主要包括：①标识解析。对化工园区企业生产制造各环节的人员、设备、物料、工艺、环境、事件建立数据模型，实现对园区生产全过程基础数据的管理，通过利用标识解析体系的统一标识，将化工生产制造过程中的物料编码、工艺编码、设备编码、人员编码、零部件编码、产品编码、包装编码、工序编码等进行标识，实现"一物一码"管理，将物理实体与虚拟数据绑定。同时，将完善的工业互联网标识解析体系引入生产过程需要使用的应用系统中，通过标识解析技术，将所有标识及其所包含的标识信息在物联网平台系统中与相关数据进行标识绑定和数据采集。②数据推送。建立统一的信息推送系统，支持短信、邮件、微信、消息队列实时、全覆盖推送，向企业和个人推送各类通知、公告、政策法规、业务审批、预警信息等消息。同时确保信息通信的可靠性、安全性、完整性，消息推送过程留痕、可监控、可回溯。③接口服务。建立数据服务的各类接口服务，实现 API、消息、文件等数据服务的接口调用、SDK 调用方式；实现文件存、取、改、删等功能，并支持水平扩容；同时提供 RESTful 风格的API 接口。

8.2.5　智能

智能是数字化未来的最高形式。数据赋能离不开智能的应用，未来的数字化是建立在大数据和 AI 基础上的运营全面智能化，是企业实现"连接"、坐拥"数据"之后的延伸。在"工业互联网+危化安全生产"信息化平台的建设中，可应用的智能化技术包括视频AI 智能分析、激光光谱技术、机器人技术等。

视频 AI 智能分析是目前在安全生产领域应用较为广泛的智能化技术，借助企业、园区已有的固定摄像头、移动摄像头、无人机镜头等作为数据来源，运用边缘计算或者部署AI 分析服务器进行算法训练和识别。对于较为通用和成熟的场景，如安全帽识别、打电话、脱岗、睡岗、人员倾倒等，可采用边缘计算的方式，而且成本较低，缺点是场景单一。如果要针对更加复杂的场景进行识别，则需要根据特定场景进行采样，设计算法和训练模型。中国石油长庆石化分公司的试点建设方案中介绍了该公司的"视觉识别智慧预警平台"，该公司主要从三个方面进行了 AI 算法的训练和应用：动态泄漏、烟雾与火焰检测，人员安全作业行为管理，视觉围栏安保管理。据方案介绍，这一平台的应用效果显著："视觉识别智慧预警平台攻克了大部分由于阳光直射、反射、打雷、下雨等自然条件引起的误报问题，现场安全风险事件识别率达到 99% 以上，误报率降低到 1% 以下，可实现 1 秒内事件迹象智能识别,采用语音、App、短信等方式主动告警,快速锁定事件发生的精准时间和物理位置,准确截取历史视频,记录现场实况并跟踪处置结果,强化事件全流程管控力度,变被动响应为实时预警,主动处置。"中国石油长庆石化分公司的视觉识别场景具备一定的代表性,另外,鲁西化工把易着火点的识别作为 AI 分析的场景之一,上海氯碱则把电解液泄漏作为 AI 分析的场景之一。除此之外,针对危险化学品装卸过程的操作不安全行为和设备、环境不安全状态的 AI 识别也是目前研究和应用比较多的场景。

上海氯碱化工股份有限公司的试点建设方案介绍了该公司应用激光光谱技术和视频平台相结合的"乙烯罐激光视频一体化监控平台"。据该方案介绍:"乙烯罐激光视频一体化监控平台,监测设备具有自动校准、长期运行的功能,检测速度可达到毫秒级(35 mins 即可完成一次全覆盖扫描),检测精度可达到 ppm 量级(乙烯测量受波长选择影响,量程可达 0.2% 量级)。同时,该类设备不受其他交叉气体的干扰,对轻微泄漏即能有效检出,可将预警时间大大提前,实现安全隐患的早发现、早处理。通过此监控平台的建设,对乙烯罐顶的所有动静密封点进行检测,可以及时有效地发现泄漏点。"

应用机器人进行智能巡检在化工行业的安全管理领域也是目前研究和应用的一大方向。上海氯碱化工的试点建设方案介绍了该公司应用防爆轮式巡检机器人的案例:"防爆轮式巡检机器人以功能完善的巡检设计为基础,搭载数据采集组件,实时采集现场的视频、图像、声音、红外、热像、温度、氯气等环境信息,完成包括设备巡检、现场环境监测巡检任务,通过 5G/无线 WiFi 进行数据回传和通信,借助数据分析后台,采用机器视觉算法和大数据技术实时诊断设备缺陷、监测环境异常,并将诊断结果和报警信息回传至管理前端,以便用户及时处理,保障设备高效运行、环境安全,并形成完整的数据记录,供管理前端信息回溯以及统计分析。系统将为企业的安全生产管理提供信息化手段和技术支持,以确保企业的安全、稳定、长周期、满负荷和优化运行。"

8.3　安全风险智能化管控平台

8.3.1　概述

2022 年 2 月,应急管理部印发了《化工园区安全风险智能化管控平台建设指南(试行)》和《危险化学品企业安全风险智能化管控平台建设指南(试行)》,为化工园区和危化企业的安全风险智能化管控平台建设提供了指导意见。这两个指南是《"工业互联网+安全生产"行动计划(2021—2023 年)》和《"工业互联网+危化安全生产"试点建设方案》两个文件的延续性政策。与"行动计划""试点建设方案"不同的是,安全风险智能化管控平台是针对目前成熟场景的建设指南，也可以看作建设要求，因为在《关于印发〈化工园区安全风险评估表〉〈化工园区安全整治提升"十有两禁"释义〉的通知》的《化工园区安全风险评估表》中，明确了化工园区需要根据《化工园区安全风险智能化管控平台建设指南（试行）》来进行建设。

园区的安全风险智能化管控平台和企业的智能化管控平台从应用层来说分别包含了6个应用场景。园区的6个场景是安全基础管理、重大危险源安全管理、双重预防机制、特殊作业管理、封闭化管理、敏捷应急。企业的6个场景是安全管理基础信息、重大危险源安全管理、双重预防机制、特殊作业许可与作业过程管理、智能巡检巡查、人员定位。另外，两个指南还对平台建设的基础设施做出了要求。园区平台需建设的基础设施包括基础硬件设施、GIS地理信息平台、融合通信平台、视频监控及智能分析平台、中间件、基础资源平台、数字孪生平台、大容量低延时融合通信平台、智能运行监控平台、统一身份认证平台等。企业平台需要建设的基础设施包括气体泄漏探测系统、视频监控与智能分析、网络改造、电子地图与数字建模、标识解析企业节点等。

化工园区安全风险智能化管控平台如图8-1所示。

8.3.2 重点建设场景

8.3.2.1 园区重点建设场景

园区平台的第一个建设场景是安全基础管理。安全基础管理功能包含但不限于以下内容：园区基础信息管理、安全生产行政许可管理、装置开停车和大检修管理、第三方单位管理、执法管理等。可以实现监管部门对园区公共区域及园区内企业的基本情况的监管，便于监管部门全面掌握企业的安全生产状况、企业基本情况、重大危险源状态、安评情况、资质状况等，从而建设企业安全生产管理信息系统，具备动态管理企业在安全生产方面的基础数据能力。该场景管控的重点是：园区、企业资质证照到期报警提醒；形成完善健全的园区、企业、第三方安全风险档案；形成"互联网＋监督管理"体系。

园区平台的第二个建设场景是重大危险源安全管理。该场景管控的重点是：用安全生产清单制管理落实重大危险源包保责任制；掌握构成重大危险源的生产、储存单元涉及的化学品、主要风险是什么；掌握重大危险源的实时监测数据和报警数据；掌握企业针对主要风险制定的管控措施和落实情况；掌握针对构成重大危险源的化学品和主要风险的应急处置方式；运用视频监控和AI识别功能加强重大危险源区域的安全行为管理；建立重大危险源安全风险评估模型，对重大危险源的状态进行动态评估。

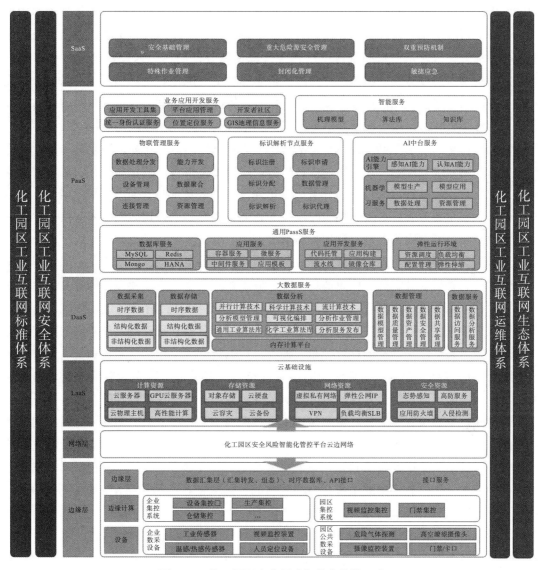

图 8-1　化工园区安全风险智能化管控平台

园区平台的第三个建设场景是双重预防机制。该场景管控的重点是：双重预防机制的运行情况是企业安全管理基础水平的体现，通过风险辨识情况、措施落实情况、隐患排查到位情况、隐患整改情况可以反馈企业的基础安全管理水平；园区组织的安全检查或者上级监管部门组织的安全检查发现的隐患应该导入系统督促企业进行整改。

园区平台的第四个建设场景是特殊作业管理。该场景管控的重点是：通过定期抽查，监管企业特殊作业办票过程的规范性；与执法检查相结合，对无票作业、违章作业进行处罚；特殊作业活动是反映企业动态风险变化的主要因素；通过视频监控/AI分析监管企业高风险特殊作业的过程，如特级动火、一级动火、受限空间作业等。

园区平台的第五个建设场景是封闭化管理。封闭化管理较前四个场景稍为复杂，涉及封闭建设规划、出入园管理、危化品运输车辆动态管理、人员分布管理、危化品停车场管理等。在进行封闭化建设规划时，需充分考虑园区的地形、路网分布情况、道路性质、企业分布情况等。首先，需要明确园区的风险分区：核心控制区、关键控制区、一般控制区，实施不同管控方式。其次，需要考虑卡口布点、电子围栏、车辆超速识别摄像头、危化品车辆专用道路、应急广播等基础设施的设置位置和数量。针对人员、车辆的出入园管理，要从分类管理的角度，对于园区的工作人员、车辆，访客人员、车辆，承包商人员、车辆，危险化学品运输车辆，应急车辆实行不同的管理方式。危化品运输车辆动态管理包括：管控车辆轨迹跟踪、超速报警、占道报警、违规停留报警；危化品物料、危废进出园区的流通管理，统计进出的危化品种类、数量等，为园区安全监管提供决策依据；危化品车辆司机不安全行为管理；停车场实时监控和智能分析等。通过视频监控和对接企业平台人员定位系统，管理园区人员、撤离分布情况。

园区平台的第六个建设场景是敏捷应急。敏捷应急涵盖的内容包括应急资源管理、应急预案管理、事故事件管理、应急值班值守、应急指挥调度、事故模拟演练等。应急资源管理是敏捷应急的基础，实现对各类救援设施和救援装备的配置存放信息进行集中管理，提供对救援设施设备详细类型、名称、数量、位置等信息的管理。对各类救灾物资进行集中管理，提供各类救灾物资的存放分布、种类、数据量详细信息的检索、查看、定位等功能。结合 GIS 三维地图展示应急资源的位置分布。重点是资源种类涵盖要齐全，如应急物资、设施、队伍、车辆、专家、避难场所、敏感目标；资源信息要准确，如数量、状态要及时更新，分布位置要准备；资源与预案、救灾种类要关联，战时能够智能匹配到合适的资源，这样才能调得动。应急预案管理是应急管理的核心，将文本化的应急预案进行结构化管理，按照《生产经营单位生产安全事故应急预案编制导则》（GB/T 29639—2022）等文件的要求，将应急预案的结构分为编制目的、编制依据、适用范围、应急预案体系、应急工作原则、事故风险描述、应急组织机构及职责、预警及信息报告、应急响应、信息公开、后期处置、保障措施、应急预案管理等章节。重点是：涵盖综合应急预案、专项应急预案、现场处置方案；涵盖上级部门预案、园区预案、企业预案及现场处置方案；涵盖安全生产、地质灾害、环境应急等类型的预案；实现结构化预案，包括分级标准、指挥部、专项工作组、响应流程、物资配置等。事故事件管理是实现具备事故信息反馈、相关应急处置资料推送、事故原因分析、整改及跟踪全流程管理功能的智能系统及终端，当发生事故信息报送时，在系统内产生报警，迅速向各级应急处置链上的相关应急救援人员发送信息。应急值班值守是建立应急值班值守排班表，值班人员在移动端可以看到自己的值班安排，收到值班通知。实现实时监督调取当前时间安全生产监控室值班人员的情况及联系方式，并及时地处理遇到的问题。值班人员一旦脱岗、离岗，上级部门可随时追踪、排查、处理值班人员。通过 AI 智能识别，对脱岗、离岗、睡岗情况进行报警。应急指挥调度是应急管理的重点，在日常监控调度、应急指挥、火灾报警管理体系中，通过共享指挥平台和信息平台，实现日常监控集中接警、及时研判、快速响应、统一指挥和联合行动。集成 DCS、实时数据库、视频监控、GIS 地图、人员定位、MES 系统、设备管理系统，融合通信系统。建设的重点是：具备事故影响范围计算功能，结合 GIS 展示影响范围内的敏感目标、避难场所、救灾资源分布；可智能匹配预案并启动相关预案，查看主要安全风险及处置措施、响应步骤等；可自动规划撤离路线、救援路线，可查看各种应急资源的调动路线，实现一键调动；对接融合通信系统，实现现场数据远传、协同会商等功能；可调度各工作组，了解各工作组情况。事故模拟演练是敏捷应急中的提升内容，其主要功能：①实现化工园区常见事故类型模拟，如蒸气云爆炸（UVCE）事故后果模拟、池火灾事故后果模拟、有毒有害气体扩散模拟；②系统可根据泄漏/爆炸物质的名称、释放量、事故地点，结合化学品的相对密度、气象和地理信息，计算并输出包括泄漏速度、下风向中毒危害距离、下风向可燃爆距离、危害距离内的最大浓度值以及达到此浓度值的时间等结果，同时可以在平面图上动态显示泄漏扩散后果的覆盖面积；③系统根据模拟结构自动生成方案报告。

另外，实现基于 GIS 的二维/三维安全生产一张图、封闭化管理一张图、应急资源和指挥调度一张图对化工园区安全风险智能化管控平台能够起到全要素可视化的作用。建设的重点是：实现"静态数据＋动态数据＋GIS 底座"的模式；既具备全局数据展示功能，又可作为电子沙盘具备操作体验；能够分图层把监管部门关心的构成安全风险的"两重点一重大"、生产装置、储罐、仓库、装卸区域、作业活动等展示在地图上；能够针对关注的要素进行深钻，如针对某个储罐了解它的静态信息、动态数据、安全风险、应急措施、隐患排查情况、作业活动情况等。

8.3.2.2 企业重点建设场景

企业平台的第一个建设场景是安全管理基础信息。企业安全管理基础信息包括五个方面：安全生产许可相关证照和有关报告信息、生产过程基础信息、设备设施基础信息、企业人员基础信息、第三方人员基础信息。信息化建设的重点主要是实现对企业的相关信息完整性的校验、临期自动提醒、过期自动报警等功能。

企业平台的第二个建设场景是重大危险源安全管理。企业重大危险源安全管理信息化的建设重点是：需建立全方位管理机制，包括重大危险源包保责任制落实、各种日常管控、监测监控报警手段的采取、顶层管理模式的建立；用安全生产清单制管理的思维落实重大危险源包保责任制，建立履职清单，对履职情况进行跟踪；日常管控包括双重预防机制、特殊作业管理、教育培训、承包商管理等，建立综合台账；运用视频监控、AI 智能分析报警、DCS 和 GDS 监测报警、人员定位等智能化手段进行监测、监控、报警；对于顶层管理模式，建立重大危险源安全风险评估模型，更利于管理层对重大危险源状态的掌握，对做得不足的项目进行自查自纠。

企业平台的第三个建设场景是双重预防机制。企业双重预防机制信息化的建设重点是：需建立从风险辨识、评估、管控到隐患的排查、整改的全流程管理机制，需要"线上线下"相结合的方式；信息化的手段更利于建立集中开展的风险辨识评估和日常风险辨识评估相结合的常态化风险辨识机制；信息化的方式更利于员工对风险辨识评估的参与和学习，更利于加强员工的风险辨识评估能力和风险防范意识；通过建立数据化、实时化的反馈机制，更利于管理层了解工作开展情况，为决策提供有效的依据；通过信息化的方式，更容易开展数据分析，如隐患的各维度分析。

企业平台的第四个建设场景是特殊作业许可与作业过程管理。特殊作业许可与作业过程管理的建设重点是：让办票软件成为一线员工的标准化工具，规范办票流程，减少因省事、侥幸心理造成的犯错；让办票软件成为知识化工具，补足一线员工因能力不足造成的风险辨识不到位、管控措施制定不到位等问题；重点管控承包商作业，与承包商管理模块联动，杜绝不合适的承包商人员参与特殊作业，严格管控作业交底过程；让办票软件成为管理层的效率化工具，通过办票过程留痕、实时预警，使安全管理部门能实时、远程了解更多情况；运用视频全程录像、AI 智能分析、气体连续监测等手段，补足作业过程监控的管理短板。

企业平台的第五个建设场景是智能巡检巡查。智能巡检巡查的建设重点是：实现日常排查、专业性、季节性等隐患排查/安全检查的全类型在线执行机制、完全无纸化；通过制定检查方案、二维码/NFC 打卡、人脸识别等信息化手段，解决"定时""定点""定员"问题；运用移动终端的便捷性，让问题反馈和跟踪更加及时，避免因问题反馈不及时造成的事故隐患；通过数据化、可视化的方式反馈巡检执行情况，有效促进巡检完成率的改善和提升；为管理层提供决策性工具，实现数据报表，为绩效考核和数据分析提供依据；实现巡检过程的数据留痕，规范工作流程，为事后追查提供依据；通过对接人员定位系统，实现无感打卡。

企业平台的第六个建设场景是人员定位。人员定位的建设重点是：实现封闭化管理一张图，人车信息全掌握；实现多类型事件报警，安全监管无遗漏；为智能巡检巡查赋能，实现无感定位；为特殊作业管理赋能，解决监护人脱岗、人员聚集问题；为应急救援赋能，找准人员位置信息。

8.4 工业互联网关键技术应用

8.4.1 5G＋工业互联网

工信部发布的《工业互联网创新发展行动计划（2021—2023 年）》中提到了关于 5G

基础网络建设的目标："覆盖各地区、各行业的工业互联网网络基础设施初步建成，在 10 个重点行业打造 30 个 5G 全连接工厂。""5G+工业互联网"是指利用以 5G 为代表的新一代信息通信技术，构建与工业经济深度融合的新型基础设施、应用模式和工业生态。5G 是工业互联网发展的关键使能技术。国际电信联盟定义了 5G 的三大应用场景，即增强移动宽带（eMBB，速率是 4G 的 10 倍）、低时延高可靠（uRLLC，时延是 4G 的十分之一）、海量机器类通信（mMTC，连接密度是 4G 的 50 倍），后两个场景主要面向工业等实体经济行业需求进行设计。5G 在工业互联网中发挥着三大作用，即基础性作用、聚合性作用和融合性作用。由于 5G 高速率、低时延的特点，让物联网、视频网络、VR/AR 等复杂设备与场景的数据实时传输得到保障，也使得聚合云、网、边、端的能力成为可能。

8.4.2　人工智能视觉识别（AI）

近年来，计算机视觉的发展突飞猛进，尤其是结合计算机视觉和人工智能算法进行分析识别在各个领域都得到了很好的应用。与其他感知方式相比，视觉识别应用场景非常丰富。在制造业中，图像识别应用于人工智能视觉检测、质量控制、远程监控和系统自动化，如生产力分析、设备外观检查、质量管理、技能培训等。在医学领域，图像识别应用于癌症检测、COVID-19 诊断、细胞分类、运动分析、口罩检测、肿瘤检测、疾病进展评分、医疗保健和康复、医疗技能培训等。在农业领域，图像识别应用于动物监测、农场自动化、作物监测、开花检测、种植园监测、昆虫检测、植物病害检测、自动除草、自动收获、农产品质量检测、灌溉管理、无人机农田监测、产量评估等。在交通领域，图像识别应用于车辆分类、移动违规检测、流量分析、停车占用检测、自动车牌识别（ALPR）、车辆重新识别、行人检测、交通标志检测、防撞系统、路况监测、基础设施状况评估、驾驶员注意力检测等。在零售行业，图像识别应用于客户跟踪、人数统计、盗窃检测、等待时间分析、社交隔离等。在体育运动领域，图像识别应用于玩家姿势追踪、无标记动作捕捉、绩效评估、多人姿势跟踪、中风识别、实时辅导、运动队分析、球追踪、球门线技术、运动中的事件检测、亮点生成、体育活动评分等。近年来，针对安全生产领域的 AI 图像识别技术的研究越来越多，多以识别人的不安全行为、设备的不安全状态、环境的不安全因素为目的，包括安全帽识别、抽烟识别、打电话识别、聚众、攀爬、人员闯入、越界、烟火、积水、灭火器等。结合巡检机器人、无人机等设备，还可以应用在更多移动场景。

8.4.3　物联网

物联网是在互联网和移动通信网等网络通信的基础上，针对不同领域的需求，利用具有感知、通信和计算的智能物体自动获取现实世界的信息，将这些对象互联，实现全面感知、可靠传输、智能处理，构建人与物、物与物互联的智能信息服务系统。物联网涉及的概念主要包括三个方面，即边缘/终端的采集设备、传输网络/协议、基于采集的数据的应用。目前在化工园区、企业的安全生产信息化平台建设中，为了实时监测设备状态、物料状态等，一般需要采集危险化学品储罐的温度、压力、液位，有毒有害气体的浓度等实时数据。采集数据一般涉及对接企业的 DCS、SIS、GDS 等系统，使用数据采集网关或类似设备将 modbus、opc 等协议转换成 HTTP 等网络协议。另外，在一些场景下可能无法从设备本身获取监测数据，就需要部署一些额外的感知设备，如测温、测震动、测转速等，然后将采集到的数据传到云平台或者服务器进行使用。在数据的应用方面，按照《"工业互联网＋危化安全生产"试点建设方案》，除了监测预警功能，还可以实现工业报警优化管理、自动化控制优化等功能。

8.4.4　机器人/无人机智能巡检

据报道，截至 2022 年 6 月，在全国范围内有 155 家企业从事研发和生产智能巡检机器人的工作。机器人巡检可以弥补人工巡检的各种短板问题：第一，人工巡检劳动强度大、效率低，典型的是电力行业，往往需要户外作业，而且需要翻山越岭，经过沙漠、戈壁等复杂地形；第二，人工巡检的质量往往无法保证，人员到位都很难保证，何况人员就算到位了检查的质量还依赖于人的责任心、疲劳程度等因素；第三，人工巡检难以追溯，巡检的工作量巨大，需要记录大量数据，事后追查往往需要从大量数据中筛选有效数据；第四，对于化工等危险环境，或者极端天气情况下，机器人代替人巡检能够减少人员伤亡。根据工作的场景有地面、空中、水下等形态的巡检机器人，它们往往携带各种传感器和具备 AI 分析能力的摄像头。

8.4.5　GIS 地理信息系统和三维建模

为了实现可视化的效果，往往需要应用 GIS 地理信息系统。在 GIS 引擎上可以汇聚地形、模型、矢量、影像等数据，能够给人带来更加逼真和直观的体验。通过汇聚各企业或园区航拍图、电子地图等服务叠加，建立空间地理数据库，实现基础地理数据和业务地理数据采集、处理、建库、更新和维护。支持 GIS 数据管理、服务发布、空间分析、场景构建，快速部署、规划、调度和指挥应用，帮助职能部门快速构建定制化的 GIS 应用。倾斜摄影作为高效的数据采集技术，以大范围、高精度、高清晰的方式全面感知复杂场景，数据输出格式应为 OSGB，一般情况下，采集影像的分辨率应在 3 cm 以内，最终模型平面精度应在 5 cm 以内，高程精度应在 10 cm 以内。全景视图（全景视频、全景图片）是基于现实场景图像数据制作生成的，具有制作周期短、成本低、文件小、高沉浸感、交互便捷等优势。全景视频分辨率应不低于 1280×640，文件格式为 mp4，视频编码为 H264，音轨文件建议使用 mp3 格式；全景图片分辨率应不低于 6000×3000，文件格式为 PNG 和 JPEG；全景视图的输出文件的长宽比应为 $2:1$。数字建模是通过综合应用 GIS 技术、云计算、大数据和移动应用等先进技术，让运维感知更透彻、智能化更深入，将空间信息直观化和可视化。数字建模的主要方式有三维软件建模和仪器设备测量建模。

附录 1　神经网络 MATLAB 代码

```
input=JAChangInputs;
output=JAChangTagets;
for i=1:1:size(JAChangTagets,2)
    output1(i)=find(JAChangTagets(:,i)==max(JAChangTagets(:,i)));
end
input_train=input(:,[1:12]);
output_train=output(:,[1:12]);
input_test=input(:,[13]);
output_test=output(:,[13]);
train_output1=output1([1:12]);
test_output1=output1([13]);
inputnum=size(input_train,1);
hiddennum=6;
outputnum=size(output_train,1);
[inputn,inputps]=mapminmax(input_train);
[outputn,outputps]=mapminmax(output_train);
net=newff(inputn,outputn,hiddennum,{'tansig','purelin'},'trainlM');
W1=net.iw{1,1};
B1=net.b{1};
W2=net.lw{2,1};
B2=net.b{2};
net.trainParam.epochs=1000;
net.trainParam.lr=0.01;
net.trainParam.goal=0.001;
net.trainParam.show=25;
net.trainParam.mc=0.01;
net.trainParam.min_grad=1e-6;
net.trainParam.max_fail=1000;
```

```
[net,tr]=train(net,inputn,outputn);
figure(1),plotperform(tr)
an0=sim(net,inputn);
aaa=size(an0,2);
train_simu=mapminmax('reverse',an0,outputps);
for i=1:1:aaa
    train_output(i)=find(train_simu(:,i)==max(train_simu(:,i)));
end
error0=train_output-train_output1;
inputn_test=mapminmax('apply',input_test,inputps);
an1=sim(net,inputn_test);
bbb=size(an1,2);
test_simu=mapminmax('reverse',an1,outputps);
for i=1:1:bbb
    test_output(i)=find(test_simu(:,i)==max(test_simu(:,i)));
end
error=test_output-test_output1;
figure(2)
plot(test_output,'ro')
hold on
plot(test_output1,'b*')
xlabel('测式样本组数','fontsize',12)
ylabel('类别','fontsize',12)
legend('预测安全等级','实际安全等级')
figure(3)
stem(error,'g')
set(gca,'color','black');
ylim([-5 5])
title('BP 网络安全等级评定误差','fontsize',12)
xlabel('测试样本组数','fontsize',12)
ylabel('分类误差','fontsize',12)
figure(4)
ploterrhist(error0,'Train',error,'Test')
k=zeros(1,5);
for i=1:bbb
if error(i)~=0
```

```
    [b,c]=max(output_test(:,i));
    switch c
      case 1
            k(1)=k(1)+1;
      case 2
            k(2)=k(2)+1;
      case 3
            k(3)=k(3)+1;
      end
    end
end
kk=zeros(1,5);
for i=1:bbb
    [b,c]=max(output_test(:,i));
    switch c
      case 1
            kk(1)=kk(1)+1;
      case 2
            kk(2)=kk(2)+1;
      case 3
            kk(3)=kk(3)+1;
    end
end
```

附录 2　遗传神经网络 MATLAB 代码

```
net=newff(inputn, outputn, hiddennum _ best, {'tansig', 'purelin'}, 'trainlM');
net. trainParam. epochs=1000;
net. trainParam. lr=0. 01;
net. trainParam. goal=0. 00001;
net. trainParam. show=25;
net. trainParam. mc=0. 01;
net. trainParam. min _ grad=1e−6;
net. trainParam. max _ fail=6;
save data inputnum hiddennum _ best outputnum net inputn outputn output _ train
inputn _ test output _ test
PopulationSize _ Data=30;
MaxGenerations _ Data=50;
CrossoverFraction _ Data=0. 8;
MigrationFraction _ Data=0. 2;
nvars = inputnum * hiddennum _ best + hiddennum _ best + hiddennum _ best *
outputnum+outputnum;
lb=repmat(−3, nvars, 1);
ub=repmat(3, nvars, 1);
options=optimoptions('ga');
options=optimoptions(options, 'PopulationSize', PopulationSize _ Data);
options=optimoptions(options, 'CrossoverFraction', CrossoverFraction _ Data);
options=optimoptions(options, 'MigrationFraction', MigrationFraction _ Data);
options=optimoptions(options, 'MaxGenerations', MaxGenerations _ Data);
options=optimoptions(options, 'SelectionFcn', @selectionroulette);
options=optimoptions(options, 'CrossoverFcn', @crossovertwopoint);
options=optimoptions(options, 'MutationFcn', {@mutationgaussian[ ][ ]});
options=optimoptions(options, 'Display', 'off');
options=optimoptions(options, 'PlotFcn', { @gaplotbestf });
```

```
[x,fval]=ga(@fitness,nvars,[],[],[],[],lb,ub,[],[],options);
W1=net.iw{1,1}
B1=net.b{1}
W2=net.lw{2,1}
B2=net.b{2}
setdemorandstream(pi);
w1=x(1:inputnum*hiddennum_best);
B1=x(inputnum*hiddennum_best+1:inputnum*hiddennum_best+hiddennum_best);
w2=x(inputnum*hiddennum_best+hiddennum_best+1:inputnum*hiddennum_best+hiddennum_best+hiddennum_best*outputnum);
B2=x(inputnum*hiddennum_best+hiddennum_best+hiddennum_best*outputnum+1:inputnum*hiddennum_best+hiddennum_best+hiddennum_best*outputnum+outputnum);
net.iw{1,1}=reshape(w1,hiddennum_best,inputnum);
net.lw{2,1}=reshape(w2,outputnum,hiddennum_best);
net.b{1}=reshape(B1,hiddennum_best,1);
net.b{2}=reshape(B2,outputnum,1);
net=train(net,inputn,outputn);
an1=sim(net,inputn_test);
test_simu1=vec2ind(an1);
acc1=length(find(output_test==test_simu1))/testNum;
[output_test,index]=sort(output_test);
test_simu0=test_simu0(index);
test_simu1=test_simu1(index);
error0=test_simu0-output_test;
error1=test_simu1-output_test;
```